中国地质大学（武汉）教育学学科培育计划资助
地质过程与矿产资源国家重点实验室自然资源科普基地资助

矿 物 家 族

The Story about Minerals

U0155604

范陆薇 主编

长江出版传媒
崇文书局

图书在版编目（CIP）数据

矿物家族 / 范陆薇主编 . -- 武汉 ：崇文书局，
2022.3
ISBN 978-7-5403-6524-0

Ⅰ . ①矿… Ⅱ . ①范… Ⅲ . ①矿物—青少年读物
Ⅳ . ① P57-49

中国版本图书馆 CIP 数据核字（2021）第 238956 号

责任编辑：李乔斌
责任校对：董　颖
责任印制：李佳超

矿物家族

出版发行：长江出版传媒｜崇文书局
地　　址：武汉市雄楚大街 268 号 C 座 11 层
电　　话：(027)87679711　邮政编码　430070
印　　刷：武汉新鸿业印务有限公司
开　　本：889mm×1194mm　1/24
印　　张：6.25
字　　数：100 千
版　　次：2022 年 3 月第 1 版
印　　次：2022 年 3 月第 1 次印刷
定　　价：49.80 元
（如发现印装质量问题，影响阅读，由本社负责调换）

The Story about
Minerals

《矿物家族》
编 委 会

主 编：范陆薇

编 委：胡 波 翁华强 隋吉祥 彭 晶

　　教育，点亮大众心灵，照耀人类未来，它的重要性众所周知。但怎样的教育才能既承袭历史的精华，又符合时代的需求，还能促使未来社会良性发展，是时代给予我们教育工作者的考卷。

　　首先，从时间维度来说，良好的教育应该是长程的。它不仅仅是知识的叠加，还应该是知识与能力的协调发展，是获得知识和形成科学世界观，发展认识能力和创造能力，培养脑力劳动文明，养成一个人在一生中对丰富自己的智慧和把知识运用于实践的需要。

　　其次，良好的教育应该是成体系的、相互交叉的、共融共生的。学生的思维仿佛一条条小溪，教育工作者的责任是让这些小溪汇成一条河流，让这些细流不仅活跃地流淌着，还能清楚地观察到现象、原因、结果、事件、区别、共性、制约性、依存性，并感受到周遭的一切物质之间联系的纽带，从而形成动态的思维，创新已有知识体系，壮大创造的力量。

　　第三，良好的教育应符合自然的规律。列宁在《哲学笔记》里写道："人是需要理想的，但需要符合于自然界的人的理想，而不是超自然的理想。"习近平总书记在党的十九大报告中指出："人与自然是生命共同体，人类必须尊重自然、顺应自然、保护自然。""牢固树立社会主义生态文明观，推动形成人与自然和谐发展现代化建设新格局。"贯彻落实党的十九大和习近平总书记重要讲话精神，必然要求推动形成绿色发展方式和生活方式，必然要拓展并深化以科学的生态观为核心的自然教育。

地球科学教育基于地球系统科学理论，研究人地关系和全球变化的资源环境效应，阐释"山水田林湖草"的生命共同体概念，服务于人类资源利用、环境保护与防灾减灾的可持续发展目标，是实施科学教育的理想载体。

《矿物家族》一书以通俗活泼的文字、精美的照片、细致的手绘图稿、直观明了的思维导图、趣味十足的实验、动态的视频向读者传播矿物所承载的地球科学、材料科学和生命科学知识，激发读者的发散思维和创新思维。

希望这本书能够给读者带来焕然一新的科学体验，更希望这本书能够为我国科学教育事业添砖加瓦。

中国科学院院士
中国地质大学（武汉）校长

序二

在地球 46 亿年的历史过程中，元素不断结合以适应特定的位置、深度和温度，最终形成了矿物。在这一过程中，矿物犹如地球的"黑匣子"，记载着它的历史和演变，记录了地球系统科学的丰富信息，成为了人类解读地球密码的"钥匙"，在人类文明的进化过程中，矿物一直是人类亲密的伙伴。随着现代科技革命、产业发展、社会进步、健康环保与生态产业的兴起，矿物材料研究发展与应用迎来了崭新的时代。无论是生物医药领域、节能环保领域，还是新能源领域，都不难见到矿物材料的身影。毫无疑问，矿物已经参与到各式各样的产业发展中，并在其中扮演着极为重要的角色。因此，了解、学习一些矿物的知识很有必要。

《矿物家族》一书以矿物家族为载体，引入分众化教育、STEAM 教育理念，从梳理矿物学的发展历史，分析矿物学与其他学科的关联入手，以通俗、活泼的文字、精美的图片、细致的手绘图稿、趣味十足的实验、动态直观的视频二维码向读者讲述矿物学基础知识和研究前沿，实现科学教育中科学、技术、工程、艺术、数学的融合，激发学生的发散思维和创新思维。在书中，您将欣赏到五彩斑斓的矿物世界，感叹变幻莫测的矿物几何，"聆听"矿物格子间里的音符，并了解到个性十足的矿物家族——地球之基石英家族、文明的骨骼硫化物家族、货币金属自然铜族矿物等等。

影响着人类衣食住行的矿物是大自然的馈赠，了解它们，认识它们，懂得它们，才能更好地运用它们和保护它们。希望这本书能传递的不仅仅是矿物的科普知识，还表达人与自然和谐相处的自然观。

国家杰出青年科学基金获得者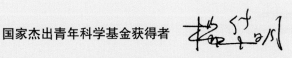

第一章　卟礦鑛矿

01　矿物的开发史源远流长 ⋯⋯⋯⋯⋯⋯⋯⋯⋯⋯⋯⋯⋯ 2

02　矿物学的发展 ⋯⋯⋯⋯⋯⋯⋯⋯⋯⋯⋯⋯⋯⋯⋯⋯ 3

03　矿物学与其他学科 ⋯⋯⋯⋯⋯⋯⋯⋯⋯⋯⋯⋯⋯⋯ 7

第二章　矿物的彩虹世界

01　动物、植物、矿物 ⋯⋯⋯⋯⋯⋯⋯⋯⋯⋯⋯⋯⋯⋯ 14

02　永恒的彩虹 ⋯⋯⋯⋯⋯⋯⋯⋯⋯⋯⋯⋯⋯⋯⋯⋯⋯ 16

03　颜色之谜 ⋯⋯⋯⋯⋯⋯⋯⋯⋯⋯⋯⋯⋯⋯⋯⋯⋯⋯ 29

04　自色——本色流露 ⋯⋯⋯⋯⋯⋯⋯⋯⋯⋯⋯⋯⋯⋯ 32

05　他色——借来的颜色 ⋯⋯⋯⋯⋯⋯⋯⋯⋯⋯⋯⋯⋯ 36

06　假色——无中生有，幻化成色 ⋯⋯⋯⋯⋯⋯⋯⋯⋯ 37

07　低调的荧光矿物 ⋯⋯⋯⋯⋯⋯⋯⋯⋯⋯⋯⋯⋯⋯⋯ 39

08　牢骚满腹的矿物 ⋯⋯⋯⋯⋯⋯⋯⋯⋯⋯⋯⋯⋯⋯⋯ 42

CONTENTS >>>

第三章　矿物几何

01　大自然的几何 ··· 49

02　会省事儿的矿物 ··· 53

03　矿物几何 ··· 55

04　准晶 ·· 59

05　团结花样多——矿物的聚形 ··· 60

06　矿物的乐高世界 ··· 61

07　矿物界的连体宝宝 ·· 61

08　矿物集合体 ··· 63

第四章　格子间里的音符

01　化学元素组成的"拼图" ··· 68

02　不一样的格子间 ··· 70

03　你的名字? ·· 71

04　傲娇贵族——自然元素矿物 ··· 74

05　熠熠其表——硫化物及其类似化合物矿物 ···························· 77

06　宜奢宜俭——氧化物和氢氧化物矿物 ·································· 79

07　枝繁叶茂——含氧盐类矿物 ··· 80

08　亦正亦邪——卤化物矿物 ··· 84

第五章　地球之基——石英家族

01　水晶和石英的渊源 ·· 90

02　庞大的石英家族 ··· 92

03　石英家族不简单 ··· 95

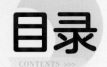

目录

CONTENTS >>>

第六章　货币金属——自然铜族矿物

01　自然铜族矿物 98

02　类质同象与同质多像 99

03　一门三杰 100

04　货币金属的"新工作" 104

第七章　文明的骨骼——硫化物家族

01　硫化物家族的"土豪光环" 110

02　水深火热中诞生的硫化物 114

第八章　时光刻录机——石榴石家族

01　成分混搭的家族成员们 120

02　无处不在的石榴石族成员 123

03　平凡中的不凡 124

04　时光刻录机 125

第九章　感知矿物

01　看·矿物 128

02　听·矿物 129

03　闻·矿物 131

04　尝·矿物 132

05　触·矿物 133

后记 134

参考答案 136

卝礦
鑛矿

第一章

您可曾想象过"矿物"缺席的世界？当矿物不在了，植物将失去养分，动物将体弱多病；我们无法清洁牙齿或衣服；房屋不再冬暖夏凉；地理上的距离无法用交通工具拉近。甚至，您手边的计算机、手机也将不复运转……人类文明的进化史可以说是一部矿物资源的开发史。矿物与地球同寿，是地球历史的见证。不过，人类认识到这一点却经历了漫长的岁月。这期间，矿物经历了怎样的误解，又是如何正名的呢？

矿物是人类亲密的伙伴，人类文明的进化史就是一部矿物资源的开发史。中华民族的祖先自诞生之时，就开始从事矿产开发利用活动。《周礼·地官·卝人注》中记载"卝人掌金玉锡石之地，而为之厉禁以守之"。明代归有光所著《策问》，明末清初顾炎武所著《钱粮论上》里也都提到了"卝人"。这里的"卝人"即是古代掌管矿产的官吏。"卝"是我国文字史上记载矿物的最早字符，它是象形字，像古代采矿时掘地深入之形。"卝"的读音"kuàng"，是模仿采矿工作时的工具敲打在矿石上的声音而来（图1-1）。

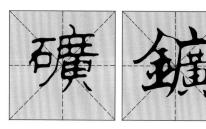

图1-1　"矿"字的演变

随着科技的进步，人们开始把矿物的化学成分、内部结构、外表形态、物理性质、成因产状、分类和鉴定及其相互关系的方方面面作为一门学问来研究，称其为矿物学。矿物学的发展历史悠久，经历了若干个阶段。这几个阶段与人类生产发展以及新理论、新方法的引进密切相关。

图1-2　旧石器时代、新时器时代原始人使用石质工具

第一个阶段是矿物学发展的萌芽阶段。石器时代，基于生存需求，人们用坚硬、耐久的矿物制作生活用具。世界各地的考古发现显示，人类最初制造与利用的材料，均属于非金属矿产。他们利用这些简陋的石质工具防御或捕猎（图1-2）。随着石质工具在人类生产生活中的应用日趋广泛，一些学者尝试总结归纳这些"石头"的性质，为它们取名，并对它们进行分类。我国《山海经》《管子·地数》《水经注》等古籍提及了诸如矿物名称、性质、采集等的信息（图1-3）。古希腊学者亚里

图1-3　有矿物记载的古籍

3

图1-4　亚里士多德　　　图1-5　泰奥弗拉斯托斯　　　图1-6　阿格里科拉　　　图1-8　李时珍

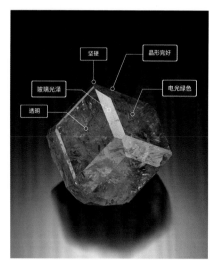

图1-7　一块看似普通的矿物，
实际蕴含了多重信息

士多德（Αριστοτλη）尝试对矿物进行分类，将其归为"似金属类"（图1-4）。他的学生泰奥弗拉斯托斯（Θεόφραστος）（图1-5）在其著作《石头论》中把矿物分成金属、石头和土三类，并描述了一些矿物的形状。在矿物学发展的萌芽时期，由于科技水平低下，人们对自然的认识有局限，矿物学作为一门学科的形象还十分模糊和笼统。

16世纪中叶，德国学者阿格里科拉（Georgius Agricola）（图1-6）较详细地描述了矿物的形态、颜色、光泽、透明度、硬度、解理、味、嗅等特征，并把矿物与岩石区分开来（图1-7）。我国明代李时珍所著《本草纲目》描述了38种药用矿物的成分、形态、性质、鉴定特征等（图1-8）。这一时期，我国古人已经有意识地把矿石分类为金属矿石和石质矿石，用"礦""鑛"来表达他们认为不同种类的矿物。后来，随着化学元素学说、

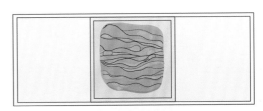

图 1-9　矿物光片

原子—分子学说、组成化合物原子的配比定律和门捷列夫周期表的提出之后，矿物的研究得到显著进展，逐步建立起理论基础，丰富了研究内容和研究方法。这个阶段矿物学作为一门学科的形象逐渐清晰，学者们对矿物种的描述和鉴定也日趋规范。

1849 年，英国地质学家索尔贝（Henry Clifton Sorby）开始制备岩石薄片（厚约 0.03 毫米）进行显微镜下研究（图 1-9，图 1-10）。他的方法突破了在此之前只能用显微镜观察晶体完好的矿物标本的限制，推进了矿物的鉴定和研究。这一方法沿用至今。1895 年伦琴发现了 X 射线后，德国物理学家劳厄（Max von Laue）发现了晶体的 X 射线衍射现象，从此，人们可以通过观察衍射花纹研究晶体的微观结构。这一发现在固体物理学领域具有里程碑意义，劳厄也因此于 1914 年获得了诺贝尔物理学奖。X 射线衍射分析成功应用于矿物内部晶体结构的分析研究中，在证明晶体结构几何理论的同时，为研究矿物的化学组成与晶体结构之间的关系奠定了科学基础，标志着矿物学的研究内容进入第二次大突破。由此建立的结晶化学成为对矿物的系统研究和建立矿物晶体化学分类的重要基础。这一阶段也成为了矿物学研究从宏观到微观的重要变革阶段。

图 1-10　矿物结构显微照片

20世纪中期以来,大量科技成果,例如固体物理、量子化学理论以及波谱、电子显微分析等微区、微量分析技术的应用,使矿物学在揭示矿物的成因、晶体生长过程和生长机制、矿物的共生组合关系等方面迈向新的台阶。这个阶段,研究的深度和广度超越了以往任何发展阶段,为矿物学研究的现代化发展阶段拉开了帷幕。新中国成立后,全社会推广简体字,"矿"字也应运而生。

目前,矿物学的研究在现代核子科学、宇航科学、合成实验技术和电子计算机技术、电子显微镜、微区分析技术以及固体物理学、量子物理学、量子化学等先进科学引领下,进入微观领域,人们不仅可以研究矿物的原子、离子在晶体结构中的排列方式,也可以进行元素的赋存状态,元素的价态、键性,元素的同位素组成,矿物的色心等方面研究。矿物学的研究正在为人类社会的进步带来更多智慧。

矿物学是地球科学的重要基础学科之一,与一系列理论学科、技术学科和应用学科密切相关。目前的学科发展,专业细分趋势明显。矿物学在漫长的发展过程中也形成了诸多分支。矿物学研究方向一部分是与现代学科发展相协调的产物,例如矿物晶体化学、矿物物理学;另一些是传统矿物学的延续和发展,例如矿物形态学、系统矿物学等。有学者将矿物学的这些分支归为四类:矿物史学、描述矿物学、理论矿物学、应用矿物学。矿物学的可塑性极强,它就好比是 O 型血,既能吸收其他学科的营养,又能以自身的进展惠及其他学科的研究。

03 》 矿物学 与 其他学科

科学界最具含金量的奖项——诺贝尔奖的历届获奖成果中有许多与矿物学研究有关。让我们一起来看看在诺奖中崭露头角的矿物娇子吧!

小专题 》 矿物研究 成果 与诺贝尔奖

1915 年诺贝尔物理学奖

英国物理学家亨利·布拉格（William Henry Bragg）和劳伦斯·布拉格（William Lawrence Bragg）父子因在用 X 射线研究晶体结构方面所作出的杰出贡献，分享了 1915 年诺贝尔物理学奖。当时，劳伦斯·布拉格年仅 25 岁，至今仍保持诺奖最年轻获奖者纪录。

1913 年布拉格父子成功测定了石盐（NaCl）等矿物的晶体结构，并在此基础上发现晶体内部的质点在三维空间做周期性重复排列。这种重复排列构成格子构造。

1987 年诺贝尔物理学奖

德国物理学家柏诺兹（Georg Bednorz）和瑞士物理学家缪勒（K.Alexander Müller）从金属氧化物中找到高温超导体，成为了 1987 年的诺贝尔物理学奖得主。他们发现的撑起了信息时代半壁江山的硅半导体正是从自然界的二氧化硅矿物中提取。也正是柏诺兹的矿物学、结晶学学习背景激发了他的研究灵感。

1996 年诺贝尔化学奖

与二氧化硅矿物一样平淡无奇，却对人类科技发展起到推动作用的还有石墨。

英国化学家克罗托（Harold Kroto）与美国莱斯大学的科尔（Robert F. Curl）、斯莫利（Richard E.Smalley）用激光加热氦气流中的石墨棒使其蒸发，再将蒸气通过细孔进入真空管中冷却，得到了一种新型的碳单质 C_{60}。C_{60} 分子中的 60 个碳原子排列成球形，而建筑师富勒（Richard Buckminster Fuller）（图 1-11）正好设计过类似结构的球状网格建筑（1967 年蒙特利尔世博会美国馆）。受此启发，也为了向建筑学家富勒表达敬意，C_{60} 被命名为富勒烯。富勒烯的发现为纳米材料的研究开辟了新天地。

2009 年诺贝尔物理学奖

2009 年，二氧化硅再一次把科学家送上诺贝尔奖领奖台。科学家高锟因为在"有关光在纤维中的传输以用于光学通信方面"取得了突破性成就，获得了诺贝尔物理学奖。

　　英国曼彻斯特大学物理学家安德烈·海姆（Andre Heim）和康斯坦丁·诺沃肖洛夫（Konstantin Novoselov）成功从石墨中分离出单层石墨。他们因"二维石墨烯材料的开创性实验"共同获得诺贝尔物理学奖。石墨烯（Graphene），又名"黑金"，既是最薄的材料，也是最强韧的材料，断裂强度比最好的钢材还要高 200 倍。石墨烯可以用来生产透明触摸屏、灯光板，甚至是太阳能电池，还有可能取代硅芯片成为所有数字运算和通信、发电的核心。

　　20 世纪 80 年代以前，科学界对固态物质的认识仅限于晶体与非晶体。随着以色列科学家谢赫特曼（Sheikh Terman）的一次偶然发现，固体物质中的一种"反常"的原子排列方式进入科学家的视野。从此，这种徘徊在晶体与非晶体之间的"另类"物质闯入了固体家族，并被命名为准晶体。谢赫特曼也因此获得 2011 年诺贝尔化学奖。由于原子排列不具周期性，准晶体材料硬度很高，同时具有一定弹性，不易损伤，使用寿命长，被广泛应用在眼外科手术微细针头、刀刃的制作材料中。

图 1-11　富勒纪念邮票

　　林奈曾把矿物与植物、动物并列为自然界三大物种。在本书的开篇段落，我们曾说矿物是人类的伙伴，其实，它也是植物和动物的生存之基。1912年诺贝尔生理学或医学奖得主艾利克斯·卡莱尔（Alexis Carrel）博士曾说土壤中的矿物质控制着植物、动物和人的新陈代谢。

　　可以预见，未来，在科技和生产力的推动下，矿物学将进入到理论研究更深入、应用研究更广泛的发展阶段，也将更深刻地影响我们生活的方方面面。

想一想

1.你能在你的房间里找到矿物或矿物材料制成的器物吗?

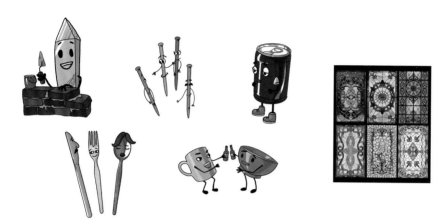

2.我们都知道石英可以用于制作玻璃,黏土可以制作盘子,不锈钢可以制作钢钉,石膏可以制作模型,那么,这些材料可否互换呢? 例如,用黏土来做窗户,用石英制作餐具……请从矿物特性的角度去思考这个问题。

做一做

你能把下列矿物和用它们制成的器物连起来吗?

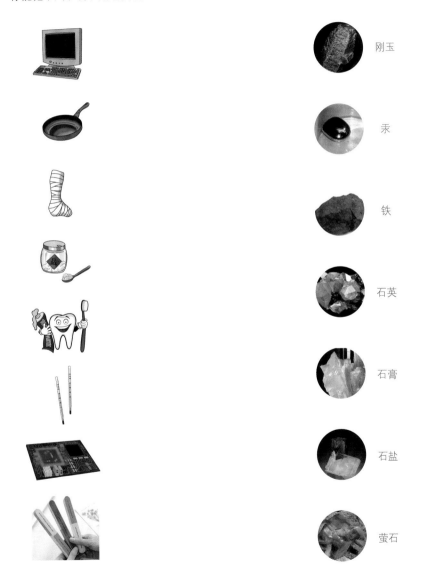

刚玉

汞

铁

石英

石膏

石盐

萤石

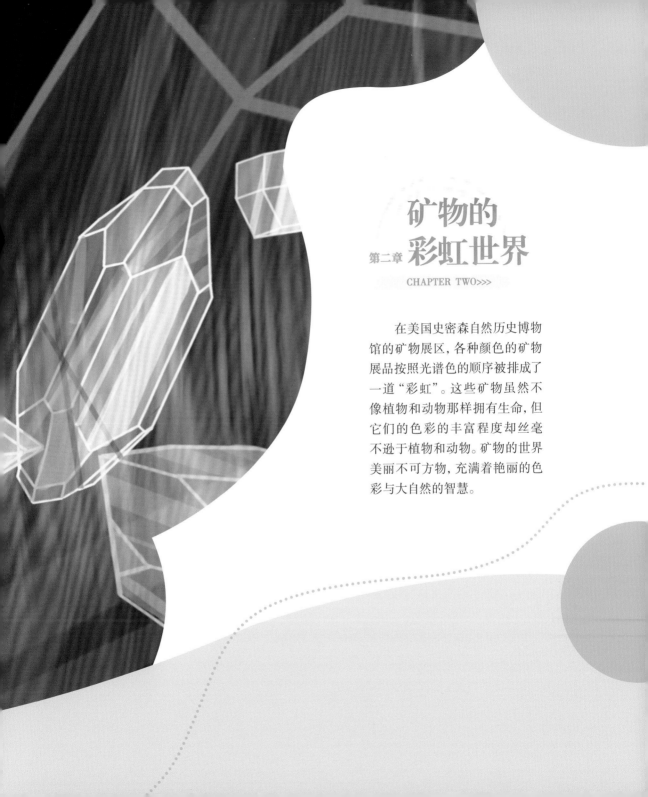

矿物的彩虹世界

第二章

CHAPTER TWO>>>

　　在美国史密森自然历史博物馆的矿物展区，各种颜色的矿物展品按照光谱色的顺序被排成了一道"彩虹"。这些矿物虽然不像植物和动物那样拥有生命，但它们的色彩的丰富程度却丝毫不逊于植物和动物。矿物的世界美丽不可方物，充满着艳丽的色彩与大自然的智慧。

01 >> 动物
植物
矿物

大千世界，色彩斑斓，颜色为我们周遭的事物赋予信息、情绪，也让我们从中滋生出思考的活力。在第一章中，我们提到，18 世纪著名的分类学家林奈（Carl von Linné）将自然界分为植物界、动物界、矿物界。虽然，以现代科学的观点判断，这种分类并不准确，但它却清晰地表达出一个观点，即：大自然是极为壮观的，无论学科之间存在怎样的边界，大自然的万事万物之间仍是软性的和互通的。它们并不分家，而是自成一体，相互依存。

图 2-1　植物、动物、土壤循环图

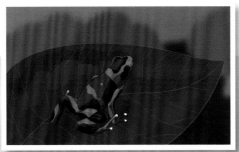

图 2-2
动物的保护色
和植物的拟态

我们从土地中捧起一抔泥土，里面有矿物和岩石的碎屑，有微生物、昆虫，也有植物的根茎。在微生物的分解下，岩石中的矿物分解为养分，滋养植物和动物，并且循环往复（图 2-1）。要论对颜色的"运用"，动物、植物、矿物三界各有擅长，植物多愁善感，用颜色嗟叹四季的变换；动物顽皮善变，披着颜色的外衣，躲藏或示警（图 2-2）；矿物简单纯粹，以沧海桑田的历练，展示浮翠流丹的色彩和幻化成晶的坚韧，向大自然致敬（图 2-3）。

图 2-3　各类矿物

02 》 永恒的
彩虹

　　彩虹，又称天虹、绛等，是气象中的一种光学现象，当太阳光照射到半空中的水滴，光线被折射和反射，在天空上形成拱形的七彩光谱，由外圈至内圈呈赤、橙、黄、绿、青、蓝、紫的绚烂色彩。许多人喜爱彩虹，不仅仅是由于它绚烂的色彩，还因为彩虹是经历风雨之后的美丽，来之不易。这也正如矿物的形成，历经水与火的洗礼，承受光阴的打磨，最终"化茧成蝶"，萌生出永恒的石之彩虹。

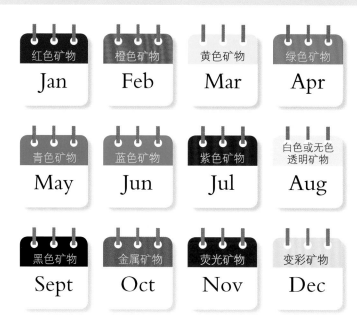

图 2-4　多彩矿物月历牌

自然界中红色的矿物主要由锰致色，当然也有例外，
在珠宝界赫赫有名的红宝石就是由铬致色的。

中文名	菱锰矿
英文名	Rhodochrosite
昵 称	印加玫瑰（特指阿根廷产出的具有红白相间的花纹的品种）
内 核	$MnCO_3$
颜 值	★★★★☆ 可以呈现鲜艳的红色，与它的透明度相得益彰。
战斗力	★★★☆☆ 硬度不高，仅为摩氏硬度 3.5～4.5，性脆。
价 值	★★★☆☆ 提取锰的重要矿物原料。
家 乡	美国、秘鲁、阿根廷、罗马尼亚、日本、南非和中国。

图 2-5 菱锰矿（收藏级）

橙色矿物

Feb

许多橙色矿物成分中含有铁，其中道理和长时间淋雨的自行车会泛着橙色的铁锈一样，同样的生锈过程也在含铁的矿物中自然发生。但是，并不是所有的橙色矿物都是由铁导致。例如，钼铅矿由于含有钨而呈现黄、橙、红色。

中 文 名	钼铅矿
英 文 名	Wulfenite
昵 称	荒漠之花（19世纪60年代，西班牙地质学家在美国亚利桑那州尤马城北部的沙漠里发现了红云矿银矿区，矿工们在采矿时发现了这种明亮的厚叶片状矿物）
内 核	$PbMoO_4$
颜 值	★★★★☆ 鲜艳的橙色外加耀目的光泽。透明的钼铅矿对光线具有很强的折射（折射率: 2.283～2.405 色散值: 0.203）。如果经过恰当的切割，钼铅矿可以展现出如同钻石那样的"出火"现象。
战 斗 力	★★★☆☆ 钼铅矿的摩氏硬度仅为 2.5～3，只比我们的手指甲硬一点儿，稍有不慎就会被碰坏。可溶于硫酸，也可被硝酸分解。
价 值	★★★★☆ 提取钼的重要矿物原料。钼主要用于制造合金，在航空、航天、机械、汽车等多个领域具有广泛的用途，特别是在军事领域具有重要意义，被称为"战争金属"。
家 乡	美国、墨西哥、纳米比亚、伊朗、澳大利亚、摩洛哥。

图 2-6 钼铅矿（收藏级）

图 2-7　硫黄 (收藏级)

黄色矿物

Mar

自然界中的纯黄色矿物有许多，例如黄色钻石、黄水晶等，但它们都没有自然硫的黄色那么浓艳。

中文名	自然硫
英文名	Sulfur
昵　称	硫黄
内　核	S
颜　值	★★★☆☆　明亮的黄色。当燃烧时，硫黄熔化成血红色的液体，并发出蓝色火焰。
战斗力	★★☆☆☆　自然硫的摩氏硬度仅为 1.5～2.5，易碎；熔点低，极易燃烧。
价　值	★★★☆☆　硫黄主要用来生产硫酸、染料、烟花爆竹及橡胶制品，还可用于军工、医药、农药等部门。
家　乡	意大利、西班牙、美国、日本。

绿色矿物

Apr

绿色是春天的颜色，象征着青春和生命。它能唤起人们对大自然的美好感悟，给人们眼睛和心灵都带来慰藉。正是如此，绿色的矿物深受人们喜爱，例如祖母绿。

中 文 名	祖母绿
英 文 名	Emerald
昵 称	助木鲁（来自波斯语 Ziimumd 的译音）
内 核	$Be_3Al_2[Si_6O_{18}]$
颜 值	★★★★★ 因其浓艳纯正的绿色，被誉为"绿宝石之王"。
战 斗 力	★★★☆☆ 摩氏硬度 7.5 ～ 8，但是裂隙多，易碎。
价 值	★★★★☆ 宝石中著名的"五皇"之一。
家 乡	哥伦比亚、俄罗斯、巴西、印度、南非、津巴布韦、中国。

图 2-8 祖母绿(收藏级)

图2-9 异极矿（收藏级）

青色是在可见光谱中介于绿色和蓝色之间的颜色，有点类似于天空的颜色。青色的矿物给人以清新淡雅的感受。

中文名	异极矿
英文名	Hemimorphite
昵称	中国蓝
内核	$Zn_4Si_2O_7(OH)_2 \cdot H_2O$
颜值	★★★☆☆　异极矿由铜致色呈蓝色，颜色达到中国蓝（普鲁士蓝）
战斗力	★★★☆☆　摩氏硬度4.5～5。异极矿不耐热，当加温达到250℃，异极矿转变成硅锌矿。如果温度再升高到500℃，异极矿会失去结晶水。
价值	★★☆☆☆　矿标。
家乡	美国、墨西哥、德国、奥地利、中国。

图 2-10　蓝铜矿（收藏级）

蓝色矿物

Jun

闪闪发光的蓝宝石可能是最著名的蓝色矿物。尽管我们都认为蓝宝石是蓝色，但按照国际上的规定，蓝宝石也包含许多其他颜色的刚玉，例如在市场上看到的黄色、绿色、粉红色，甚至是无色的蓝宝石。倒是蓝铜矿总是蓝色的。事实上，"azurite"一词来自波斯语中的"lazhward"，含义就是"蓝色"。

中 文 名　蓝铜矿

英 文 名　Azurite

昵　　称　石青

内　　核　$Cu_3(CO_3)_2(OH)_2$

颜　　值　★★★★☆　蓝铜矿石颜色酷似孔雀羽毛上斑点，中国古代称为"绿青""石绿"或"青琅玕"，是一种古老的玉料。

战 斗 力　★★☆☆☆　摩氏硬度 3.5 ~ 4。蓝铜矿加热分解，遇酸起泡，还易于转变成孔雀石。

价　　值　★★★☆☆　蓝铜矿可作为铜矿石来提炼铜，也用作蓝颜料，质优的还可制作成工艺品。蓝铜矿是寻找铜矿的标志性围岩蚀变的矿化，地质队员在野外找矿的时候，只要看到蓝铜矿（滚石或原生的），就知道附近一定有铜矿体的存在。

家　　乡　蓝铜矿的产地有俄罗斯、罗马尼亚、巴西等。中国的蓝铜矿产地主要在湖北。

最常见的紫色矿物是紫水晶和紫色萤石。但坦桑石的紫更为出类拔萃，从不同方向观察，它有紫、绿、蓝三色变化。坦桑石的紫色由钒引起。一般将坦桑石加热，使其成分中的三价钒转化为四价钒，即可得到浓艳、稳定的紫色或是蓝色。

中文名	坦桑石
英文名	Tanzanite
昵 称	丹泉石
内 核	$Ca_2Al_3(SiO_4)_3(OH)$
颜 值	★★★★☆ 坦桑石的蓝紫色浓郁得令人心醉，电影《泰坦尼克号》中那枚"海洋之心"，传说就是用坦桑石制成的。
战斗力	★★☆☆☆ 摩氏硬度6～7。
价 值	★★★☆☆ 坦桑石主要出产于东非坦桑尼亚的乞力马扎罗山脚下。它是一种既高龄又年轻的宝石，它形成于5.8亿年前，但直到1967年才为人所知。
家 乡	坦桑石的产地有坦桑尼亚、美国、墨西哥、奥地利、瑞士等。

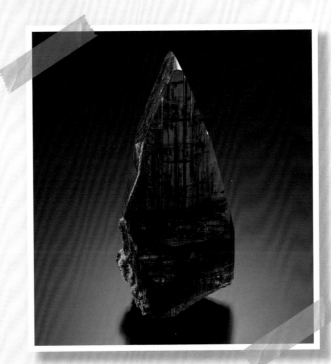

图 2-11 坦桑石（收藏级）

白色或无色透明的矿物在自然界中常见。只有特殊的外观才能让平淡的白色矿物出众。沸石就是这样一类以形态外观取胜的矿物。沸石最早发现于 1756 年。瑞典的矿物学家克朗斯提（Axel Fredrik Cronstedt）发现有一类天然硅铝酸盐矿石在灼烧时会产生沸腾现象，因此命名为"沸石"（瑞典文 zeolit）。全世界已发现天然沸石 40 多种，它们的晶体多呈纤维状、毛发状、柱状。

中文名 钙沸石

英文名 Scolecite

内 核 Ca [Al$_2$Si$_3$O$_{10}$] · 3H$_2$O

颜 值 ★★★☆☆　钙沸石多呈毛发状、放射状，毛绒绒的，在众多高冷的矿物中显得独具一格。

战斗力 ★★☆☆☆

价 值 ★★★★☆　沸石内部充满了细微的孔穴和通道，比蜂房要复杂得多。假如把沸石比作旅馆，那么 1 立方微米的这种"超级旅馆"内竟有 100 万个"房间"！沸石具有吸附性、离子交换性、催化和耐酸耐热等性能，因此被广泛用作吸附剂、离子交换剂和催化剂，也可用于气体的干燥、净化和污水处理等方面。

家 乡 印度。

图 2-12　钙沸石（收藏级）

图 2-13　锡石（收藏级）

黑色矿物在矿物世界中是一种特殊的存在。日本著名的时尚设计师山本耀司曾说过："黑色兼具谦虚与傲慢的特性。"黑色的矿物也是这样，它们的美需要灵魂的共鸣。

中文名	锡石
英文名	Cassiterite
内　核	SnO_2
颜　值	★★☆☆☆　深褐色，不怎么引人注意。自然界中常常可以见到锡石"连体婴"，它们像膝盖一样连接着，被称为锡石膝状双晶。
战斗力	★★★☆☆　摩氏硬度 6 ～ 7，很沉，但在低温下，会变得易碎。有传闻说，锡纽扣的破碎是拿破仑在对俄战役中惨败的原因。1812 年，在寒冷的莫斯科，拿破仑征俄部队制服上钉的锡纽扣被冻裂破碎，战士们的制服无法扣紧，起不了保暖的作用，无数战士被活活冻死。
价　值	★★★★☆　提取锡的最主要原料矿物。
家　乡	玻利维亚、西班牙、澳大利亚、美国、墨西哥、中国。

25

金属矿物

Oct

金属总是散发着华贵耀眼的光泽，它们没有那么容易亲近，当光照过来，往往会被硬生生地反射回去。在众多的金属矿物中，黄金作为最昂贵的矿物之一，在金融、艺术、珠宝领域扮演着重要的角色。

中文名	金
英文名	Gold
昵 称	金子、黄金
内 核	Au
颜 值	★★★★☆ 黄金因其耀眼的光泽和极强的延展性，自古以来就在珠宝首饰领域占据重要的席位。
战斗力	★★★★☆ 摩氏硬度 2～3，很沉，具有良好的物理性质和稳定的化学性质，几乎不与其他物质发生化学反应。
价 值	★★★★☆ 由于黄金的稀缺性和完美的自然属性，很早就被人们当作财富的象征，在历次国际货币金融体系的发展变化中一直占有重要地位。近几十年，金催化剂的卓越活性引起了科学家的研究热情。科学家们预测金的衍生品将进军绿色可持续化学领域。金有望在科学技术的包装下，摆脱以往"死板"的形象，成为环保领域"活泼"的舞者。
家 乡	南非、美国、澳大利亚、中国、俄罗斯、秘鲁、加拿大、印度尼西亚、乌兹别克斯坦、巴布亚新几内亚等。

图 2-14 自然金（收藏级）

图 2-15 白钨矿（收藏级）

中文名	白钨矿
英文名	Scheelite
内　核	$CaWO_4$
颜　值	★★★☆☆　白钨矿，橙色，双锥状晶体，加热或经紫外线照射，略呈紫色。白钨矿的色散值高，使其火彩接近于钻石。
战斗力	★★★☆☆　摩氏硬度 4.5～5，相对密度 5.8～6.2 。
价　值	★★☆☆☆　世界上开采出的白钨矿，80% 用于优质钢的冶炼。白钨矿可以制造枪械、火箭推进器的喷嘴、切削金属。白钨矿与自然金等贵重金属共生，它的荧光效应常被地质学家用于寻找金矿。
家　乡	中国、朝鲜、德国、澳大利亚。

27

变彩矿物

Dec

有这样一种矿物，您可以在它身上同时欣赏到"红宝石般的火焰、紫水晶般的色斑、祖母绿般的绿海……五色缤纷、浑然一体、美不胜收"，这是古罗马的普林尼在《自然史》中对欧泊发出的由衷赞叹。

中文名	欧泊
英文名	Opal
昵 称	澳宝
内 核	$SiO_2 \cdot nH_2O$
颜 值	★★★★☆ 五颜六色，绚丽无比。
战斗力	★★★☆☆ 摩氏硬度5～6，常常呈细脉状产出，所以比较薄。欧泊中的水属于吸附水，其逸出温度仅为 100～110℃。虽然在日常的环境中，欧泊中的水不会溢出，但长期的高温或湿度过低的环境中水分还是容易失去的。
价 值	★★☆☆☆ 用作宝石。
家 乡	澳大利亚、墨西哥、巴西、美国。

图 2-16 欧泊（收藏级）

矿物的色彩是怎样形成的? 这不是一个三言两语就能回答的问题。在此之前,我们需要了解一些关键概念。

人类所能见到的颜色,并不像我们想象中那么全面。《变魔术的宝石》一书曾经介绍过,人对颜色的感觉来源于光、物体、人眼和大脑的协作。而光的实质是以极大速度通过空间传播能量的电磁波。电磁波谱范围宽泛,种类繁多,包括无线电波、微波、红外线、可见光、紫外线、X射线、γ射线。在这些电磁波谱中,能够引起人眼视觉的只有波长范围在380～760nm的可见光光谱(图2-17)。

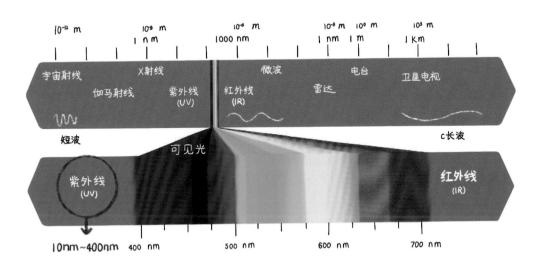

图2-17 电磁波谱与可见光光谱

图 2-18 青凤蝶手绘图

图 2-19 不同类型的动物看到的颜色范围
示意图

　　尽管人类的视觉有局限，但与其他哺乳动物相比，我们的"三色"视觉比它们要优越许多。科学研究证实，大多数哺乳动物是色盲。例如，牛、羊、马、狗、猫等，它们看到的世界几乎是灰色的。有人会问：人类是自然界中视觉能力最强的生物吗？出乎人们意料之外的，这个问题的答案是否定的。鱼类、两栖类、爬行类、鸟类，甚至昆虫，都能看见比人类更加广阔的光谱，有的甚至能看见紫外光。例如，随处可见的青凤蝶的眼睛有15种分辨颜色的光感受器，相比人眼只有3种光感受器，很难想象青凤蝶的世界会有多么的炫酷缤纷（图2-18，图2-19）。

　　矿物的颜色是矿物最明显、最直观的性质。我们所看到的矿物的颜色来源于矿物对白色可见光中不同波长的光波的吸收、透射和反射的各种波长可见光的混合色。

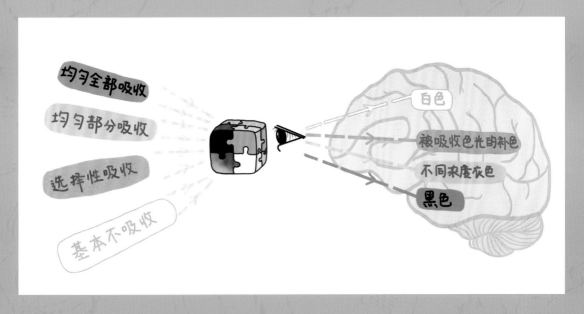

图 2-20　矿物呈现颜色的思维导图

　　当矿物对白光中不同波长的光波均匀地全部吸收, 矿物呈现黑色; 若矿物对白光中不同波长的光波基本上都不吸收, 则呈现为无色或白色; 若各色光均被均匀地吸收了, 但只是吸收了一部分, 则视其吸收量的多少, 而呈现出不同浓度的灰色; 若矿物只是选择性地吸收某种波长的色光时, 则矿物呈现出被吸收的色光的补色 (图 2-20)。

　　我们常说"眼见为实", 可这条规律在矿物界却并不适用。因为矿物有许多"古灵精怪"的心思, 时而本色流露, 时而假借"他色", 时而幻化"假色", 亦真亦幻, 变化无穷。

04 自色
》——本色流露

自色

他色

假色

图 2-21　矿物自色、他色、假色

　　我们先来聊一聊矿物的"自色"，它是矿物真实的样子。所谓矿物的"自色"，顾名思义，就是矿物本身固有的化学成分和内部结构所决定的颜色，是由于组成矿物的原子或离子受到了可见光的刺激，跳到了别的"楼层"或是干脆"搬了家"造成的（学术上把这个过程称为电子跃迁或转移）。对同种矿物来说，自色一般相当固定，因而是鉴定矿物的重要依据之一。矿物的自色又可分为体色和表面色。体色是矿物无论内部或表面，通体呈现的颜色。表面色是表现在矿物表面的颜色。这与矿物的透明度有关。举例子说明，白光照射在一块透明或半透明的矿物上，白光可入射到矿物内部一定的深度，绿色光被吸收了，矿物就会从内到外通体呈现绿色的补色——红色。当白光照射到一块不透明的金属矿物表面，不透明矿物吸收了全部的光，然后反射了黄色的光，于是这块矿物就呈现黄色。简单地说，自色矿物的体色为反射光和透射光的混合色，而自色矿物的表面色为反射色（图 2-21，图 2-22，图 2-23）。

图 2-22　红色矿物

图 2-23　金属矿物

自色矿物小分队

我们比较熟悉的自色矿物有橄榄石、铁铝榴石、青金石、绿松石等（图2-24、图2-25、图2-26、图2-27）。组成这些矿物的主要成分中含有色素离子（主要是钛、钒、铬、锰、铁、钴、镍、铜、铀等），使矿物呈现自色。

对于透明或半透明的矿物，可见光可入射到其内部一定的深度，当晶格内的某些电子从基态跃迁到激发态所需的能量正好与某波长的可见光的能量相当时，这些电子即可吸收入射光中的这部分色光而从基态跃迁到激发态，剩余部分色光则重新透射、散射或反射出矿物的表面而使矿物呈现的颜色，称为矿物的体色，也即是矿物透光的颜色，它表现为被吸收色光的补色。例如橄榄石的橄榄绿色即是其主要吸收紫光所致的体色。

而对金属晶格的矿物而言，由于其吸收非常强，入射光难以深入到矿物内部，主要是矿物表层对入射光吸收，当处于激发态的电子跃迁回到基态时，其释放的能量则以可见光波的形式再辐射出来，从而产生表面色，即反射色（reflection color），它表现为与被吸收色光一致的颜色。例如黄铁矿对波长520nm以上的绿、黄、橙红色光均有较强的吸收，再辐射后即呈其混合色——浅黄铜色。

图2-24 橄榄石

图 2-25　铁铝榴石

图 2-26　青金石

图 2-27　绿松石

05 他色
——借来的颜色

　　矿物中常常含有杂质或者包裹体。《变魔术的宝石》一书中提到的许多宝石的特殊光学效应都与它们所含的杂质、包裹体或晶格缺陷有关。这些杂质、包裹体或晶格缺陷，本是矿物的"客人"，却在颜色的舞台上"喧宾夺主"，热热闹闹地拉开了颜色秀的大幕。最常见的他色矿物有水晶（图 2-28），水晶本是无色透明的，当它含铁杂质时，呈现黄色，被称为黄水晶，当它含锰和钛杂质时，呈现粉红色，被称为粉晶。

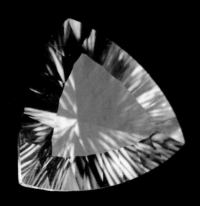

图 2-28　黄水晶

06 假色
——无中生有，幻化成色

如果说他色矿物，心思机巧，善于运用自身资源，假色矿物则可谓是擅长"无中生有"了。借助光的魔力，假色矿物运用自身的裂隙、解理等一些特殊结构，制造干涉、衍射、散射等光学效应，演绎出变幻莫测的颜色。

矿物的假色主要有锖（qiāng）色、晕色、变彩、乳光。如果要以难易程度为标准，为这四类假色的"段位"排序，锖色应位列第四。锖色的形成原理是一些不透明矿物的表面被氧化，氧化薄膜引起反射光的干涉作用而使矿物表面呈现出斑驳陆离的彩色。这与肥皂泡上的彩色光晕的形成原理是一样。由于是由矿物表面的氧化膜形成的光的干涉，因此锖色大多可用小刀刮掉，如斑铜矿表面独特的蓝、靛、红、紫斑驳的彩色（图2-29）。排名第三的是乳光。当矿物中含有大量比可见光波长小的矿物小颗粒或胶体微粒，照射在矿物上的光就会发生漫反射。漫反射分散了光的"实力"，使它由强光消解为柔和的光，为矿物带来朦胧的视觉效果。矿物中的月光石和乳蛋白石中常常见到这种效果（图2-30）。由于产生乳光效果的条件很容易达到，所以市场上也常常见到人造的乳光玻璃。晕色虽然也是由光的干涉引起的，但它发生在矿物的内部。当一些透明矿物的内部含有平行密集的解理面或裂隙面，则会引起光的干涉，从而使矿物表面常出现彩虹般的色带。无色透明的冰洲石，解理十分发育。所以常常可以在冰洲石上见到晕色。四类假色中，要属变彩"段位"最高。当矿物内部的层状结构，可能引起光的衍射、干涉作用，从而使矿物呈现随光线角度变化而游移的彩色色带。长石家族中的拉长石即具有美丽的蓝绿、金黄、红紫等连续改变的变彩（图2-31）。

图 2-29　斑铜矿

图 2-30　月光石

图 2-31　拉长石

自色? 他色? ///

/// or 假色?

"

　　这样说来，矿物的颜色有真色，有假色，怎样才能拨开"伪装"，知晓矿物的真实颜色呢？一个有效而又简单的方法就是用矿物在白色无釉瓷板上画条痕。这些条痕实际上是矿物被小瓷板磨出的粉末。矿物的条痕能消除假色、减弱他色、突出自色，它比矿物颗粒的颜色更为稳定，更有鉴定意义。例如，不同成因、不同形态的赤铁矿可呈钢灰、铁黑、褐红等色，但其条痕总是呈特征的红棕色。不过，话说回来，矿物的条痕色鉴定方法并不总是有效的。对于半透明、不透明并且颜色鲜艳矿物，这个方法十分有效。但是透明的浅色矿物的条痕多为白色、浅灰色等浅色，矿物的条痕色方法就很难发挥作用了（图2-32）。

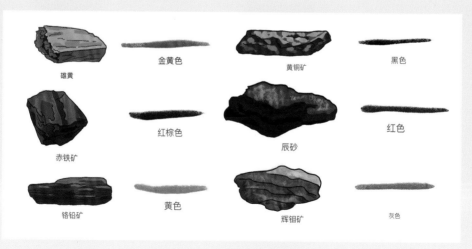

雄黄	金黄色	黄铜矿	黑色
赤铁矿	红棕色	辰砂	红色
铬铅矿	黄色	辉钼矿	灰色

图 2-32　矿物条痕色手绘图

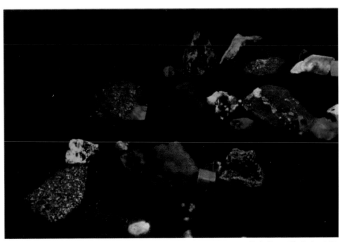

图 2-33　紫光灯下的荧光矿物

低调的荧光矿物

矿物中还有一类,比较害羞,平常以低调朴素的外表示人。只有在特殊光源的照射下,它才大胆展现绚丽的色彩。它们叫作荧光矿物或磷光矿物。荧光矿物或磷光矿物在紫外线、阴极射线、X射线、γ射线和高速质子流等各种高能辐射源的激发下,能发出可见光。在特殊光源撤除之后,荧光矿物的发光也很快会消失,但磷光矿物的发光则会停留一会儿再消失(图2-33)。大多数矿物没有明显的荧光。只有不到1/5的矿物具有人眼可分辨的荧光。

矿物产生荧光或磷光的奥秘在于它们体内(晶格【将在第三章中讲到】)中存在特殊的微量元素,或是存在缺陷(晶格缺陷【将在第三章中讲到】)。这些特殊的微量元素往往是过渡元素(详见第四章),它们受到高能光源的激发,容易产生发光效果。自然界只有少数矿物的发光性比较稳定,例如,在紫外光照射下,白钨矿发特征的浅蓝色荧光,独居石呈鲜绿色荧光,钙铀云母发鲜明的黄绿色荧光等。大多数矿物的发光性不稳定,产地不同的同种矿物往往有的发光,有的不发光,甚至同一晶体不同部位的发光性也会有所不同,这主要取决于那些引起矿物发光的杂质元素的有无及含量的多少。当矿物不含杂质元素或杂质含量过多,都将导致矿物不发光。

矿物的荧光
和萤火虫的"荧光"

谈到荧光,人们总是会自然而然地联想到夜幕下的小精灵——萤火虫。那么,萤火虫发光的原理和矿物发光原理一样吗? 当然不一样,如果萤火虫也需要受到激发光源的刺激才能发光,我们就没办法在平凡的夏夜里欣赏萤火虫点缀的艺术天空了。萤火虫腹部的末端含有荧光素酶和荧光素,荧光素能在荧光素酶的催化下消耗 ATP(三磷酸腺苷),并与氧气发生反应,反应中产生激发态的氧化荧光素,当氧化荧光素从激发态回到基态时释放出光子,发出波段为黄绿色的光子。我们日常所使用的日光灯就是一种荧光灯,而它的发光原理就大致沿用了萤火虫的发光模式。日光灯管的内壁上,涂有荧光粉,当两个灯丝导电时,灯管内微量的氩和稀薄的汞蒸气就会发出紫外线,灯管内壁上荧光粉受到紫外线的激发,发出光子,产生柔和的可见光。这种可见光是由荧光粉发出的冷光,触摸灯管并不会烫手,而亮度却比普通的白炽灯高。

而荧光矿物发光的实质是矿物中不老实的小粒子(矿物晶格中原子或离子的外层电子)受外部能量的激发时,会从原本的楼层(基态)跳到了其他的楼层(较高能级的激发态),但是不老实的小粒子在其他的楼层没站稳,过不了一会儿就掉回原楼层了,掉回的过程中,它吸收的能量以一定波长的可见光的形式释放出来,就是我们看到的荧光(fluorescence)或磷光(phosphorescence)。与荧光相比,磷光的持续发光时间更长一些。

简单地说,萤火虫发光是一种化学反应,而矿物的荧光是物理现象。

08

08 >> 牢骚满腹的矿物

一些矿物牢骚满腹，它们在受热，或受到撞击的时候，会抱怨。只不过，它们不是用言语来抱怨，而是用发光的方式来抗议。磷灰石、方解石、氯仿、萤石、锂云母、方沸石和一些长石有时是热致发光的。闪锌矿、方解石、萤石、锂云母、方沸石、石英、闪锌矿和一些长石，则在被撞击、压碎、刮擦或破碎时会发光。发出的光非常小，因此经常需要在黑暗中仔细观察。这种光其实是矿物结构中的键断裂的结果。

图 2-34　牢骚满腹的矿物

颜色是事物给人的第一印象。能够分辨颜色是人类遗传密码中的一部分。作为人类感知的基本维度，色彩在我们的环境中无处不在。矿物丰富多彩的颜色像是它们彰显个性的外衣，内在的成色原理则像是一部厚重的辞书，在时间的长度和地理的广度中，为人类文明史编织绵长的色彩画卷。

想一想

你觉得视觉敏感究竟是优势还是劣势？为什么？

测一测

1. 测试一下你分辨颜色的能力：请写出你所看到的数字或图案。

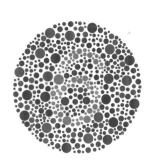 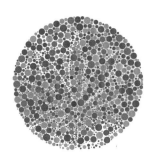 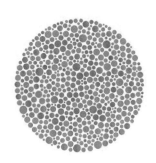

2. 读颜色诗。

矿物

第三章 几何

大自然给予我们看得见的资源——阳光、雨露、生命，也悄然散播看不见的生态智慧，等待我们用心体会。只要我们用心去观察，整个宇宙就是一本用数学语言写成的巨大的书，看似简单的几何形状，构成了整个世界最初的模样。它的法则隐约于天地自然的万事万物中。与其他自然之美不同，大自然的几何之美包容、简洁、稳定而有秩序。

有人称我为大自然
也有人叫我大自然母亲
我已经度过了四十五亿年
是你们人类存在时间的两万两千五百倍
我并不需要人类
人类却离不开我
是的，你们的未来取决于我。

——《大自然在说话》

01 » 大自然的几何

大自然给予我们看得见的资源——阳光、雨露、生命，也悄然散播看不见的生态智慧，等待我们用心体会。著名数学家、分形几何之父曼德尔布罗特（Benoît B. Mandelbrot）在他的《大自然的分形几何》中说："人类智慧从观察大自然的事物入手。"只要我们用心去观察，整个宇宙就是一本用数学语言写成的巨大的书，看似简单的几何形状，构成了整个世界最初的模样。它的法则隐约于天地自然的万事万物中。与其他自然之美不同，大自然的几何之美包容、简洁、稳定而有秩序。（图3-1）

就如图片上这株可爱的花椰菜（图3-2），表面由许多螺旋形的小花所组成，鹦鹉螺壳展现的斐波那契黄金螺旋（图3-3），六边形的蜂巢（图3-4），以及千姿百态的矿物晶体（图3-5）。

图 3-1　向日葵

图 3-2　花椰菜

图 3-3　鹦鹉螺壳

图 3-4　蜂巢

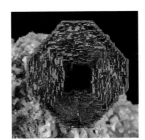

图 3-5　萤石

让我们从简单的几何形状聊起。

正三角形

可以用最少数量的线或点创建的几何形状是"三角形"。人们通常认为"三"在哲学和物理上都体现了力量的概念。例如"三足鼎立""三位一体",还有永不倾覆的三轮车和简单稳定的三足凳。难怪,在传说中,海神波塞冬挥舞着三叉戟,能瞬间掀起惊涛骇浪(图3-6);在现实中,人们用三角形的房屋来遮风避雨(图3-7)。

图3-6 海神波塞冬挥舞着三叉戟

图3-7 三角形建筑

正方形

正方形是人们印象中最中规中矩的形状了。因为规矩，所以包容，可分割，易组合。公元前 1 世纪，我国劳动人民发明能变化出 1600 多种图形的七巧板。外轮廓是正方形的七巧板由三角形、正方形、平行四边形组成（图 3-8）。公元前 6 世纪，古希腊时期的数学家毕达哥拉斯把平方数摆成正方形，组成了正方形数，找到形与数之间的联系（图 3-9）。

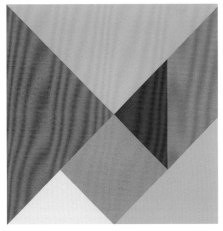

图 3-8　七巧板

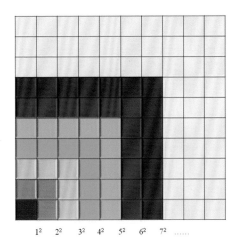

1^2　2^2　3^2　4^2　5^2　6^2　7^2　……

图 3-9　正方形数

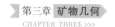
正六边形

　　自然界中有很多的东西都是美丽的数学模型。除了前面所说的正三角形和正方形，正六边形是最后一种能够在不重叠的情况下铺满整个平面的形状（图3-10）。与另两种可以完成无缝拼接的图形相比，正六边形还有一个与众不同的特点就是，在面积相等的情况下，正六边形的周长最小。这对于抠门的小蜜蜂来说，是十分有效的"节约"妙招。把蜂房建设成正六边形形状，可以节约不少蜂蜡，也节省了许多飞来飞去所需要耗费的能量。同样聪慧的动物还有乌龟和长颈鹿，它们把正六边形分别"画"在了自己的硬壳（图3-11）和斑纹上。人们得到启发，把正六边形用在了日常，你看，绿茵场上的球门网是不是六边形在现实生活中的应用（图3-12）？

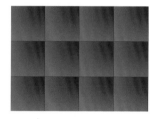

图 3-10　无缝拼接的六边形、无缝拼接的正方形

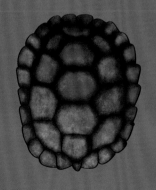

图 3-11　乌龟壳　　　　　　　图 3-12　足球和球网

02 》 会省事儿 的矿物

可是，要论会偷懒，会省事儿，谁也比不过矿物。它们仅仅用正方形、矩形、三角形、菱形和六边形就拼凑出了所有的晶体形状。

例如，立方体晶形的萤石（图3-13）、菱面体晶形的冰洲石（图3-14）、六方柱晶形的海蓝宝石（图3-15）。细心的你产生了疑惑，问道："我见过矿物晶体上有不规则的面，和足球有点像，但是它的面不是正六边形的。"别着急，让我们一起揭穿"慵懒"的晶体是怎样在你的眼皮底下变身的（图3-16）。图3-16的图形中每个面都是四边形，仔细观察，它有规律。每3个四边形是一组，按照不同的角度拼成了一个

图 3-13　立方体晶形的萤石

图 3-14　菱面体晶形的冰洲石

图 3-15　六方柱晶形的海蓝宝石

图 3-16　四角三八面体

图 3-17　小朋友拍平四角三八面体

53

图 3-18 八面体

图 3-19 三角三八面体

左形
图 3-20-1 五角三八面体

右形
图 3-20-2 五角三八面体

图 3-21 六八面体

图 3-22 四面体

图 3-23 三角三四面体

图 3-24 四角三四面体

左形
图 3-25-1 五角三四面体

右形
图 3-25-2 五角三四面体

图 3-26 六四面体

整体。我们想象一下,把 3 个一组的四边形用力拍下去,拍成平面,它是不是乖乖地变成了一个正三角形(图 3-17)? 8 个这样的正三角形拼出的图形似曾相识,不就是我们常常见到的八面体(图 3-18)? 矿物晶体们乐此不疲地拿这个"戏法"练手,

八面体变化出三角三八面体、五角三八面体、六八面体(图 3-19,图 3-20,图 3-21)。四面体变化出三角三四面体、四角三四面体、五角三四面体、六四面体(图 3-22 ~ 图 3-26)……

随着矿物晶形队伍越来越庞大,大家都萌生了要组队排行的想法。定个什么样儿的排行规则呢?大家你一言我一语,最终决定以谁的长相更为对称(对称性的高低)来论资排辈(图3-27)。立方体的萤石伸个懒腰,打着呵欠问道:"什么是对称性啊?"一旁的黄铁矿答道:"对称就是把你转动一定的角度,你的样子看起来还是和没转动的时候一样。估计这么说你也不明白,我就在你身上比划比划吧。"

黄铁矿指指立方体萤石的上下面的中心的连线,说:"绕着这根轴,每转90°,别人看到的都是同样的你(图3-28)。"黄铁矿又指指立方体三个面的交点,说:"从这里引一根轴,绕着这根轴转圈圈,每转120°,别人也会看到同样的你(图3-29)。其余的,你自己找找吧!"立方体萤石似懂非懂,锲而不舍地绕着自己能找到的轴转圈圈。终于,它找到了规律。

图 3-27 晶体讨论

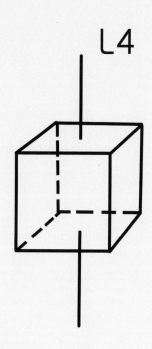

图 3-28　立方体 L4 轴

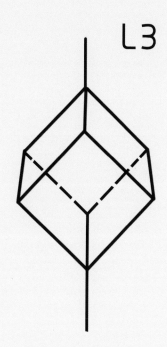

图 3-29　立方体 L3 轴

我们认识形状的时候都知道，先有"点"，点连成"线"，线组成"面"。矿物晶体的身体里有一些点、线、面，就像是镜子，以它为参照，对折或反转，就能得到重合的图形。这样特殊的点、线、面被分别称为对称中心、对称轴和对称面，它们合称为"对称要素"。晶体中拥有对称要素的数量越多，级别越高，对称性就越高。按照这样的方法去找，立方体共有 9 个对称面，3 个每转 90° 就能重合的对称轴，4 个每转 120° 就能重合的对称轴和 1 个对称中心，是当之无愧的对称性最高的矿物晶形。与它类似的四六面体、菱形十二面体等组成了立方晶系"小分队"，位居矿物晶形对称性榜首，得名"高级晶族"。分别以四方柱、三方柱、六方柱为代表的四方晶系"小分队"、三方晶系"小分队"、六方晶系"小分队"并列亚军。它们的队伍中也吸纳了许多"志趣相投"的队友，例如四方晶系小分队中的四方单锥、四方四面体等等。它们同属于中级晶族。那些平日里向往潇洒自由不怎么对称的晶体自然而然地屈居第三位，被称为低级晶族。

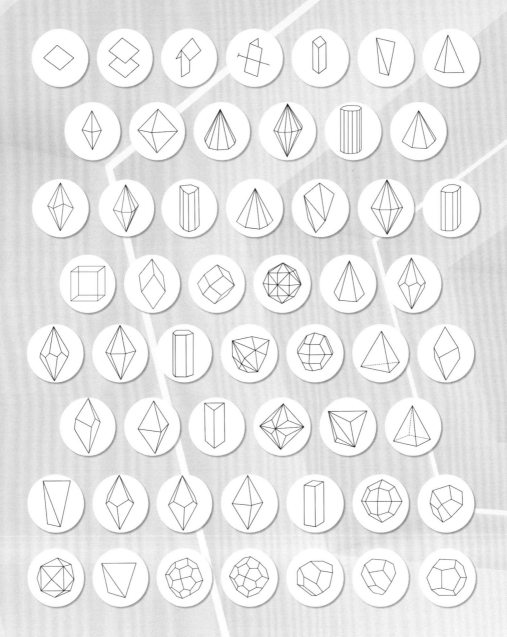

04 » 准晶

自然界博大而包容，凡事并无绝对。虽然，大多数自然界中的晶体以前文所述的晶形出现。但是，1982年以色列科学家谢赫特曼用电子显微镜测定了他合成的铝锰合金的衍射图像，发现是一个正十边形的对称结构。很显然，正十边形或正五边形无法像正三角形、正方形或正六边形那样铺满平面，对寻常晶体来说这是一种不可能出现的对称性。可是，矿石界的蛋白石，有机化学中的硼环化合物，生物学中的病毒、花朵、水果却真实地显示出5次对称特征。于是，经过反复研究和多方论证，这种具有5次对称轴的晶体新物态被命名为准晶体。有人认为具有5次对称轴的准晶体的发现，为非生物和生物结构的研究搭起了一座桥梁。数学家们计算出准晶体的立体空间排布模型，它像看起来像是一种阿拉伯式的原子镶嵌图，华丽，迷人而又充满神秘的异域风情，像极了西班牙Alhambra宫和伊朗Darb-iImam清真寺装饰图案。对于吃货来说，这些图案也许更像是有韵律地摆放的切片杨桃（图3-30）。

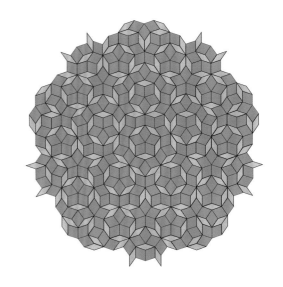

图 3-30　准晶示意图

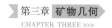

如果自然界中的矿物仅有这47种几何形状，未免太过单调。于是，同一组的矿物晶体小伙伴们玩起了组合游戏，演化出更多的矿物晶形。有2个或2个以上的单形聚合而成的晶体形状称为聚形。例如，我们常常见到的石英通常被发现为长尖晶体。如果要切开其中一个晶体，则会看到一个称为六边形的形状。六边形有6个面。石英晶体由六边形棱柱构成，顶部是六边形棱锥（图3-31）。

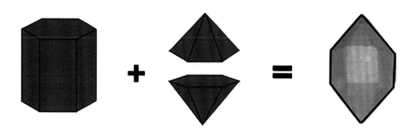

图 3-31　六边形棱锥

06 矿物的乐高世界

大多数矿物以晶体形式存在。如果我们在显微条件下观察，会发现每个晶体都是"乐高狂魔"。它们像堆积木一样，建起自己格子间一般的几何外形。

这种搭建太像是生长了，所以，即使矿物没有生命，科学家们还是将它们描述为晶体生长。有些矿物晶体是从富含溶解性矿物质的水中生长出来的，有些从熔化的岩石中生长出来的，有些在蒸气中形成。它们的"生长"也需要空间和养分，当空间狭小，养分不足时，晶体也会出现"营养不良"的现象，比如晶形不完整等。

图 3-32　自然铜的树枝状平行连生

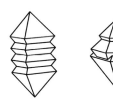

图 3-33　明矾八面体的平行连生

07 矿物界的连体宝宝

矿物会不会有连体婴呢？答案是肯定的。一些矿物会"手拉手"平行地连接着，晶体上对应的面、棱等相互平行，被称为平行连生（图3-32；图3-33）。一些矿物则顽

图 3-34 石英的双晶

图 3-35 尖晶石的双晶

图 3-36 尖晶石双晶

图 3-37 正长石卡斯巴双晶

图 3-38 黄铁矿双晶

图 3-39 萤石双晶

皮一些，兄弟姊妹之间以转圈、对折、穿插等方式"连体"，被称为双晶（图3-34~图3-39）。

08 矿物集合体

"

其实在自然界中，一种矿物的晶体很少以标准形态单独出现，一般都是跟许多同类聚在一起扎堆生长的，形成的这堆矿物就被称为"矿物集合体"。它们中的有些能通过肉眼或放大镜就能看清里面的每个矿物单体，被称为"显晶集合体"。显晶集合体形成时的温度、压强条件都比较适宜，形成的单体就比较大，组团之后依然棱角分明。与之相对的，在显微镜下不能看清楚单个成员的，就被称为隐晶集合体或胶态集合体。

测一测

读完了这个章节，你一定对矿物的形状有了大致的了解，让我给你做个小测试，请问图片中红色的矿物是什么形状的？

做一做

1.纸折"尖晶石"。尖晶石的英文名称为"spinel"，意思是有尖角的结晶体，它常常呈现八面体晶形。让我们跟着视频用纸折八面体形状，做一粒纸"尖晶石"吧！

所需材料：正方形折纸一张（最好为彩色略有硬度的纸张）。

扫码观看折纸视频

2. 在普通的白纸上画正方形, 用勾线笔连续画一些线条, 就能呈现立体效果的图案。快来扫描二维码观看有趣的线条图案吧。试一试用组成矿物几何单形的几种形状来创作这种漂亮的图案吧。

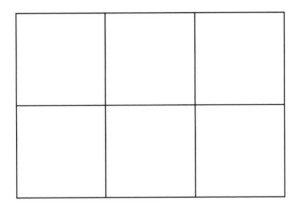

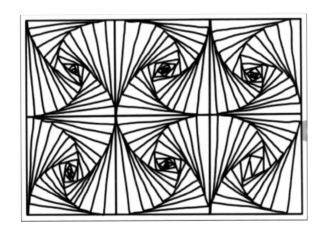

扫码观看绘画视频

65

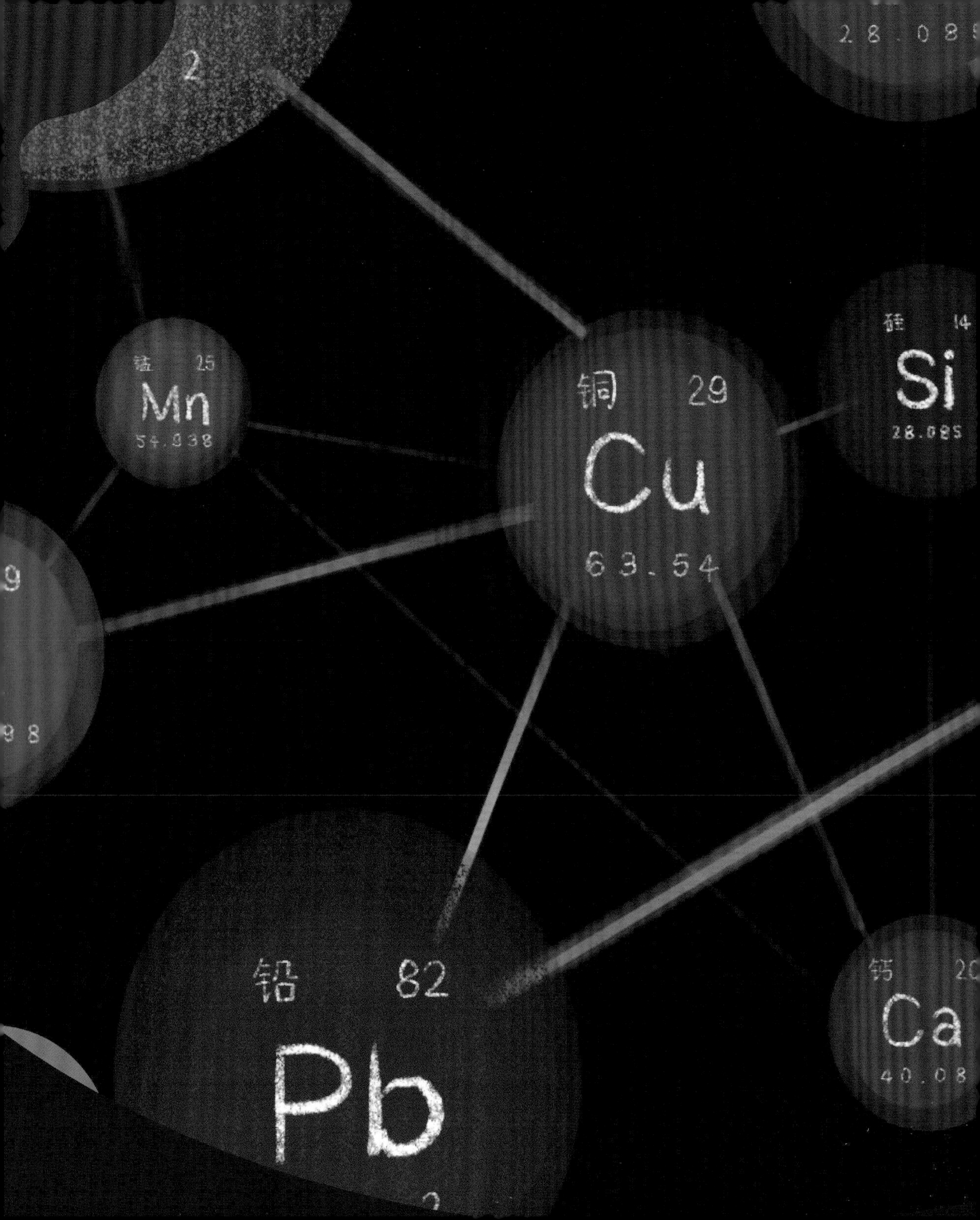

锰 25
Mn
54.938
铜 29
Cu
63.54
硅 14
Si
28.085
铅 82
Pb
钙 20
Ca
40.08

铁　26

Fe

碳　　6

C

12.011

镁　12

Mg

24.305

格子间里
的音符

第四章

在上一章里，我们介绍了"搭积木"的矿物晶体。这些晶体所用的并不是普通的积木，而是用不同元素的质点（原子、离子、离子团或分子等）"量身定制"的积木。以石盐为例，它在搭积木的时候用到了两种不同的积木，一种是精巧的钠离子，另一种是憨厚的氯离子。每一个氯离子上下前后左右都是钠离子，每个钠离子的上下前后左右都是氯离子。石盐锲而不舍、循环往复地堆着这两种积木，最终形成了我们所看到的立方体晶形的石盐。很奇妙的，包括氯、钠在内的118种元素组成了我们身边的物质世界。这得从已经问世一个多世纪的化学元素周期表说起。

01 化学元素组成的 "拼图"

　　一幅图画，分割成规则的小块，每块都有自己固定的位置，这是我们都爱玩的拼图游戏。化学元素也有自己的"拼图"，只不过，它最初的成员还很少，拼图上的许多空缺都虚位以待。它的故事也很长，要追溯到两百多年前。

　　1789年法国化学家安托万－洛朗·拉瓦锡（Antoine-Laurent de Lavoisier）（图4-1）发表了《化学基本论述》（*Traité Élémentaire de Chimie*），书中定义了元素的概念，并总结出33种元素和常见化合物。化学家们发现化学元素世界并非杂乱无章，而是有着内在的秩序。如果把性质相似的化学元素分门别类地排列，就能形成一张类似于月历牌的表格。1865年英国分析化学家约翰·亚历山大·雷纳·纽兰兹（John Alexander Reina Newlands）（图4-2）在前人研究的基础上，把61种元素依相对原子量递增的顺序依次排开，发现每第八个元素性质与第一个元素性质相近，好似我们弹钢琴时练习的音阶。纽兰兹把化学元素的这种规律称为"八音律"。4年之后，俄国化学家德米特里·伊万诺维奇·门捷列夫

图 4-1　拉瓦锡

图 4-2　纽兰兹

图 4-3 门捷列夫

图 4-4 迈耶尔

（Дми́трий Ива́нович Менделе́ев）（图 4-3）、德国化学家尤利乌斯·洛塔尔·迈耶尔（Julius Lothar Meyer）（图 4-4）分别于 1869 年 4 月和 1869 年 12 月，总结出了更为完善的化学元素周期表。门捷列夫还预言了一些当时尚未被发现的化学元素，并在这张由化学元素组成的"拼图"上为它们留出空位。果不其然，门捷列夫预言的元素镓和钪分别于 1875 年和 1879 年被科学家们发现。

　　化学元素周期表（图 4-5）像一张精准的导航图，为化学家们提供了寻找未知元素的线索和方向。有了它，化学家们不会想方设法去钾钠中间寻找新的碱金属，更不会在氧和氟之间试图发现新的元素。

图 4-5　化学元素周期表

69

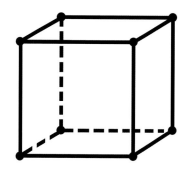

图 4-6　布拉维空间格子

　　化学元素在周期表中循规蹈矩，却在大自然里不断尝试、创新，搭出了五花八门的格子间，形成了矿物多姿多彩的外观。根据格子的节点分布位置、夹角、棱长等特点，晶体空间一共搭建了 14 类格子间。在结晶学领域，这些格子间的大名叫"布拉维空间格子"（图 4-6）。布拉维空间格子最早于 1855 年由法国晶体学家奥古斯特·布拉维（Auguste Bravais）运用严格的数学方法推导得出。俄国科学家费德洛夫（1889 年）与德国科学家圣弗利斯（1891 年）在布拉维空间格子的基础上推导出 230 种空间群。彼时，X 射线还未被发现，人们还无法通过技术测试的方法测试出矿物晶体内部结构的直接证据，只能从数学角度对晶体结构的规律建立数学模型。但是，数年之后，当 X 射线被发现并用来测试晶体结构后，布拉维格子和 230 种空间点群的推演结论被完全证实。

矿物数据库显示，世界上有5640种矿物（截至2020年12月1日mindat.org的统计数据），每种矿物均由其特定的化学组成和晶体结构定义。正如我们在本书的第一章中介绍的，矿物开采历史悠久。那时候，人们对矿物的成分、结构认识还不深入，因此，早期的矿物命名方法五花八门。例如，用气味命名的矿物——臭葱石，这种矿物在加热时散发臭葱/蒜气味，因而得名；因形状得名的矿物——方解石，它经常以棱角分明的菱面体形状出现（图4-7）；因体重（相对密度大）称雄的矿物——重晶石（图4-8）；因为产地得名的矿物——香花石；以人名命名的矿物——摩根石（图4-9），等等。总结五花八门的矿物命名规律大致如下。

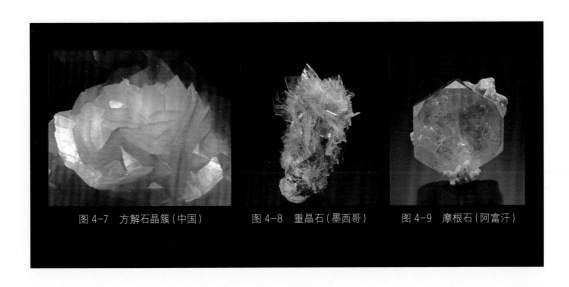

图 4-7　方解石晶簇（中国）　　　图 4-8　重晶石（墨西哥）　　　图 4-9　摩根石（阿富汗）

　　*天然具有金属光泽或者从中可以提炼金属的一般称为某某矿。比如黄铁矿（图4-10）、黄铜矿、白钨矿等。

　　*常见的非金属光泽的矿物一般称为某某石。比如透闪石、文石等。

　　*常见以小细颗粒状产出的一般称为某某砂。比如辰砂、硼砂等。

　　*可以用作宝玉石材料的通常称为某某玉。比如硬玉、刚玉等。

　　*一些地表次生的呈松散状产出的一般称为某某华。比如钴华等（图4-11）。

　　*一些比较易溶于水的矿物常称为某某矾。比如明矾、水绿矾等（图4-12）。

图 4-10　黄铁矿　　　　图 4-11　钴华　　　　图 4-12　水绿矾

　　随着人们对矿物成分和结构的进一步认识，矿物的分类和命名逐渐变得规范。矿物可分为5个大类：

自然元素矿物

硫化物矿物及其类似化合物矿物

卤化物矿物

氧化物及氢氧化物矿物

含氧盐矿物

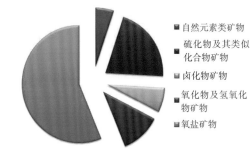

■ 自然元素类矿物

　 硫化物及其类似
■ 化合物矿物

■ 卤化物矿物

　 氧化物及氢氧化
■ 物矿物

■ 氧盐矿物

知识补给站：
元素 原子 化合物

" 矿物由化学元素组成。化学元素是仅由一种原子组成的物质。您听说过氧、氢、铁、铝、金、铜吗？这些都是化学元素。

什么是原子?

原子是化学元素的最小单位。它们是构成每种化学元素的基石，它们太小了，无法用肉眼看到。例如，即使是一小块铜也由数十亿个铜原子组成（图4-13）。

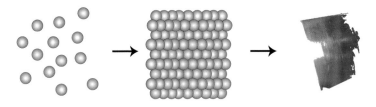

图4-13　数十亿个铜原子堆叠在一起形成一小块铜

什么是化合物?

由不同种元素组成的纯净物叫化合物。例如，钠离子和氯离子结合组成了氯化钠这种化合物（图4-14）。矿物的性质，例如其形状，硬度，颜色，光泽，取决于其构成的化学元素以及这些元素的原子或离子在内部的排列方式。

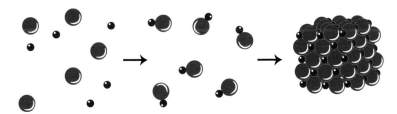

图4-14　氯和钠原子连接在一起形成盐分子

73

图 4-15　自然金

自然元素矿物非常纯粹，以单一元素原子搭建自己的"家园"。自然元素矿物非常稀少，仅仅占地壳质量的 0.1%，却在人类的生产生活中发挥着不可忽视的作用。

"金"是自然元素矿物的一种（图 4-15）。历史上，黄金在金融、艺术、珠宝领域发挥着举足轻重的作用。不过，它对人类生活的影响绝不止于此。20世纪80年代，科学家们发现将金细分成仅含有几个原子的微小纳米级碎片，它就会变成高效的催化剂，且在极低温-76℃仍能保持催化活性。金的这一特性可以取代许多对环境有害的催化剂，从而达到环保生产的目的。说到环保，自然元素矿物中还有一名成员，委实可以用"出淤泥而不染，濯清涟而不妖"来形容，它的名字叫作自然铋。铋元素是元素周期表中的第83号元素，它的周围环绕着一圈有毒重金属。"铋"却在这样的包围圈中独善其身，无毒无害。这在重金属元素中是绝无仅有的，因此，它被冠以"绿色元素"称号。自然铋（图4-16）和铋的化合物也被广泛应用在护肤品、胃肠药物、焊料、磁悬浮列车等的制作中。

图 4-16　自然铋

图 4-17　钻石

图 4-18　点石成金

　　自然元素矿物中最具反差萌的一对矿物同胞，当属钻石（图 4-17）和石墨。它俩的成分都是碳（C），却因为搭建晶格时的"骨架"有异，形成了一黑一白，一贱一贵的两个品种。有个故事里说希腊国王麦德斯十分喜欢金子。于是，神灵赐予了他神奇的点金棒，点金棒点到的东西都会变成黄金。麦德斯得到点金棒后，把咖啡、面包全都变成了金子。世界上真的会有这样神奇的点金棒吗？当然有，只不过它不是"棒子"，而是看不见摸不着的压力和温度。

　　一块普通的碳如果出现在地球的深部

150 ～ 200 千米，相当于是 200 多个哈利法塔（位于迪拜的哈利法塔高 828 米）摞起来的深度，在压力为 $(4.5 \sim 6) \times 10^9 Pa$（正常的大气压是 $10^5 Pa$），温度为 $1100 \sim 1600℃$ 条件下就会发生结构变化，结晶后由黢黑的碳变为了熠熠生辉的钻石，仿佛是"点金圣手"将不起眼的碳变为了价值连城的钻石（图 4-18）。

　　以上提到的金、自然铋和钻石分别属于自然元素矿物大类中的 3 个子类别——金属元素矿物、半金属元素矿物、自然非金属元素矿物。

图 4-19　硫锑铅矿（塞尔维亚）

　　硫化物是金属或半金属元素与硫结合而成的化合物。大多数硫化物具有金属光泽、低透明度和强反射率（图4-19、图4-20）。这类矿物常常不太稳定，容易被氧化、分解，是工业上提炼有色金属和稀有分散元素矿产的重要来源。

　　比较典型的例子是从硫化铜中提炼铜。3000多年前，人类就开始使用铜了。铜的导热率和导电率都很高，化学稳定性强，抗腐蚀，可延展。同时，铜还很"包容"，它能与锌、锡、铅、锰、钴等金属形成合金，发挥更优异的工业功能。然而，自然界含铜矿物约有200多种，能提炼铜的却不多。其中，铜的硫化物对纯铜提炼工业的贡献最大，世界上80%的铜是从铜的硫化物中精炼出来的。

　　本章前面提到的黄铁矿也是硫化物，它的化学成分是硫化铁。在矿上，有经验的老矿工采到立方体或五角十二面体的小金属块，常常要拿到年轻的矿工面前，逗他们说是黄金。黄铁矿颜色为淡金黄色，猛一看颇似黄金，因而又被称为"愚人金"。

图4-20　硫铜钴［刚果（金）］

　　如何识别"愚人金"和真正的黄金呢？只要拿它们在不带釉的白瓷板上一划，然后观察白瓷板上的条痕颜色（即留在白瓷板上的粉末的颜色），便会真假立现了。金矿的条痕是金黄色的，黄铁矿的条痕是绿黑色的。硫化物及其类似化合物群体中的许多成员也和黄铁矿一样"表里不一"，外表的颜色与条痕颜色并不相同。例如，铅灰色的方铅矿，条痕色为黑色；铅灰色的辉钼矿，条痕色为黄绿色。

　　黄铁矿虽然名为铁矿，其实是不能用来炼铁的。黄铁矿的主要成分中难以剔除的硫是钢铁的大敌。含硫过多的铁易脆化断裂。不过，黄铁矿是炼制硫酸的好原料。由于黄铁矿中的铁和硫都会和氧气发生氧化反应。因此黄铁矿可以像煤一样在炉中熊熊燃烧。燃烧后生成的二氧化硫气体和三氧化二铁，与氧气继续化合而生成三氧化硫。三氧化硫可与水发生反应，生成硫酸。

06 宜奢宜俭
——氧化物和氢氧化物矿物

氧化物和氢氧化物矿物是一系列金属阳离子与氧离子、氢氧根化合的化合物。据统计，这类矿物有200余种，且各有特点。既有十分坚硬，可以作为磨料的矿物刚玉，也有晶体细小，硬度极低的三水铝石；既有结构简单的化合物，也有由多种阳离子和氧离子或氢氧根结合而成的复杂化合物。颜色缤纷的氧化物和氢氧化物矿物成员中，朴实如石英（图4-21），兢兢业业担当造岩大任；珍贵如红宝石（图4-22）、蓝宝石，占据宝石皇帝中的一席之位；灵活如磁铁矿、赤铁矿，在特定条件下可以相互转化，也可以和平共处；实用如水镁矿，是提炼镁的重要矿石……总之，氧化物和氢氧化物矿物群体施不奢，俭不吝，构筑着地壳，也点缀着自然，活跃于国民经济的多个领域。

图 4-21　石英族水晶晶簇

图 4-22　红宝石戒指

79

07 枝繁叶茂
—— 含氧盐类矿物

要论矿物群体中体量最大的一类，非含氧盐类矿物莫属。含氧盐类矿物的主要成分是各种含氧酸的络阴离子与金属阳离子所组成的盐类化合物，它们是地壳中分布最广泛、最常见的一大类矿物，约占已知矿物种类数的 2/3。根据络阴离子的类别，还可以把"枝繁叶茂"的含氧盐类矿物谱系细分为：①硅酸盐矿物；②硼酸盐矿物；③磷酸盐、砷酸盐、钒酸盐矿物；④钨酸盐、钼酸盐矿物；⑤铬酸盐矿物；⑥硫酸盐矿物；⑦碳酸盐矿物；⑧硝酸盐矿物。

众所周知，硅和氧是地壳中分布最广，平均含量最高的元素，其克拉克值分别为 27.72% 和 46.6%。这些硅和氧除了结合成 SiO_2 矿物之外，主要形成硅酸盐。因此，硅酸盐矿物是含氧盐类矿物"谱系"中的"主脉"，在自然界中分布十分广泛，是三大类岩石（岩浆岩、变质岩、沉积岩）的主要造

图 4-23 祖母绿（巴基斯坦）

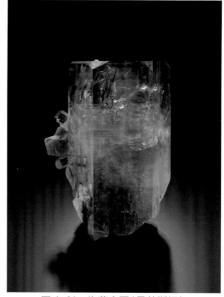

图 4-24 海蓝宝石（巴基斯坦）

岩矿物，约占地壳岩石圈总质量的85%。同时，硅酸盐矿物也是工业上提炼 Li、Be、Zr 、B 等金属、非金属的重要矿物资源。硅酸盐矿物中的石棉、滑石、云母等直接被用于汽车、化工、电气设备等产业。还有一些硅酸盐矿物是珍贵的宝石矿物，如祖母绿（图4-23）、海蓝宝石（图4-24）、碧玺（图4-25）等。

　　虽然在"族谱"上硅酸盐矿物都是一家的，但不同的品种在形态上却千差万别，有的矿物晶体细细长长，有的敦实，有的娇弱似纸片，层层叠叠（图4-26）。这都是硅酸盐矿物中的硅氧骨干在玩花招儿呢。硅酸盐矿物中的硅氧结构大致可以分为孤立的岛状、围成圈的环状、手拉手的链状、连成片的层状、搭成架子的架状。具有孤立岛状硅氧骨干的硅酸盐，在三维方向上均等发展，例如，看起来圆咕隆咚的石榴子石、橄榄石等；具有环状硅氧骨干的硅酸盐，常常长成柱子形状，例如绿柱石、电气石；具有链状硅氧骨干的硅酸盐矿物常常是柱状或针状的；具有层状硅氧骨干的硅酸盐像个小矮墩，呈现板状、片状甚至鳞片状；具有架状硅氧骨干的硅酸盐形式要复杂许多，可以形成多种类型的结构，既可以呈现柱状，片状，也可以呈现三向等长的粒状。

图4-25　碧玺（坦桑尼亚）

图4-26　钙铀云母（意大利）

知识补给站：
克拉克值

"

　　1889年，美国化学家弗兰克·威格尔斯沃斯·克拉克发表了第一篇关于元素地球化学分布的论文，他根据采自世界各地的5159个岩石样品的化学分析数据求出16千米厚地壳内50种元素的平均质量，并得出陆壳中元素的丰度。为表彰他的卓越贡献，国际地质学会将地壳元素丰度命名为克拉克值。丰度通常用重量百分数（%）或克/吨表示。某自然体系的元素丰度，是根据组成该体系的主要物质的化学成分，用加权平均法计算出来的。如地壳元素丰度，是根据各种岩石的化学成分用加权平均法求得的。

　　与其他的含氧盐矿物类别相比，硼酸盐矿物组成简洁却变化多端。从成分上看，硼酸盐矿物只含有一种阳离子，但是它们搭建的结构却丝毫不逊色于硅酸盐矿物，也包括岛状、环状、链状、层状、架状结构。此外，硼离子还可以以"混搭"的结构模式存在。硼酸盐矿物是提取硼和硼的化合物的主要来源。硼和硼的化合物用途十分广泛，在玻璃中加入适量的硼砂（化学成分：$Na_2[B_4O_5(OH)_4]\cdot 8H_2O$），能降低玻璃的膨胀系数，增强其物理化学性能。人类还一度探索过硼烷作为超级燃料的可能性。虽然，最终证实硼烷的制备难以实现，无法应用于卫星导弹的高能燃料，却在研究过程中，意外发现了新颖的碳硼烷二八面体结构，在诸多诺贝尔奖中贡献了"智慧"。也许是硼酸盐的不拘一格为它获得了关注，它曾多次出现在我国的高考试题中。

　　自然界中的磷酸盐、砷酸盐、钒酸盐矿物种类很多，含量却稀少，占地壳总质量的不到1%。其中，大部分砷酸盐矿物、钒酸盐矿物、磷酸盐矿物是前面提到的硫化物的远亲（原生硫化物的次生矿物）。因此，常常作为寻找原生硫化矿床的找矿标志。前文提到的在敲击或加热时产生臭葱/蒜气味的矿物——臭葱石就是这个族群的一员。

图 4-27　钼铅矿、砷铅矿

图 4-28　水砷锌矿

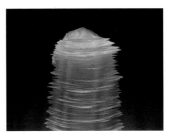
图 4-29　方解石晶簇

钨酸盐、钼酸盐矿物（图4-27、图4-28）在自然界中的种类和含量都少，主要是由于钨和钼挑选玩伴的要求很高。在成矿地质作用中，钨对氧情有独钟，几乎只形成氧化合物或钨酸盐。钼则和硫最玩得来，在地壳中结合形成辉钼矿（MoS_2）。钼酸盐矿物则形成于辉钼矿矿床的氧化带。虽然钨的朋友不多，但这并不妨碍它跻身优秀元素的行列。这个排在元素周期表74号的元素拥有多个冠军头衔。钨是具有最高熔点的金属，也是生物体能利用的最重的金属，它的碳化物还具有与钻石相接近的硬度。相比之下，钼可谓是隐于市的隐士了。首先，在很长的历史时期，方铅矿、辉钼矿、石墨都由于有着相似的外观，常常被混淆。直到1776年，瑞典药剂师卡尔·威尔海姆·舍勒（Carl Wilhelm Scheele）对辉钼矿进行了研究，才使人们清楚认识了钼以及辉钼矿。20世纪初期，钼迎来了自己的春天，钼钢被大量应用于汽车框架、防弹钢板的制作中，硫化钼被用于对石油进行脱硫。更让人大跌眼镜的是，早在地球繁衍之初，含钼酶就已经在大气成分转变、植物代谢起作用了。可以说，如果没有钼，世界会完全不同。

铬酸盐矿物在含氧盐矿物中并非主流，外表却相当张扬，常常呈现鲜艳的黄色、橘红色等颜色。在其中起主导作用的是铬。在众多元素中，铬活泼、随和，可以多种价态参与矿物的构建或搭建，影响着矿物的颜色。例如，红宝石含有杂质成分铬而呈现红色，祖母绿由于含有少量的铬而呈现绿色。难怪法国化学家路易-尼古拉·沃克兰（Louis-Nicolas Vauquelin）发现各元素之后选择代表颜色的希腊语"Chroma"为其命名。

相较于其他含氧盐矿物，硫酸盐矿物和碳酸盐矿物与我们的生活更为贴近。它们的成员包括钡餐原料重晶石、点豆腐的石膏、用作净水剂的明矾、用作工业原料的方解石（图4-29）、用作国画颜料原料的孔雀石等。

硝酸盐矿物较为小众，在自然界中发现的不过10种左右，它们几乎只见于干燥炎热的沙漠地带的沉积物中。

08 亦正亦邪
—— 卤化物矿物

卤化物矿物为金属元素阳离子与卤素元素（氟、氯、溴、碘、砹）阴离子相互化合的化合物。比较出名的成员有萤石（图4-30）、石盐（图4-31）。萤石的成分是氟化钙，也叫作氟石，它在冶金工业上被用作熔剂，在化学工业领域被用于制造氟化物。由于氟极小的原子半径和共价键，它容易取代有机分子上的氢或者氧，形成稳定的碳-氟共价键，变身为具有奇妙特性的新化合物。例如不粘锅上的特氟龙就是这样一种化合物。不过，氟也有它邪恶的一面。单氟乙酸会破坏人体内负责为细胞供能的三羧酸循环，口服2～8毫克/千克（剂量/体重）就会致命。另外，冰箱、空调中使用的氟氯烃（俗名：氟利昂）会破坏臭氧层。石盐由钠离子和氯离子组成。其中，钠在生物学中扮演了重要的角色，它既是维持生命不可或缺的元素，却也是引发高血压、心脏疾病的幕后黑手。同样亦正亦邪的还有卤化物矿物中的氯离子，它在自然界和人造环境中随处可见，却时而出现在人类生活的"功臣"化合物中，时而现身于化学武器等不良化合物中。可见，要把卤化物矿物用好，我们得接受挑战，懂得利用它们的性质，扬长避短。

化学元素犹如大自然的音符，构筑了庞大的矿物世界，谱写了不朽的乐章，影响并改变着人类的生活。

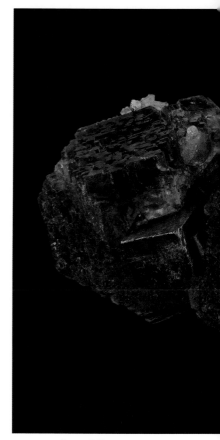

图4-30 萤石、黄铁矿、水晶

图 4-31　石盐晶体

做一做

◎自制铋晶体

1

准备

铋块 1000 克;牛奶锅 1 只;不锈钢餐叉 1 把;电炉 1 只;隔热手套 1 副;护目镜 1 副。

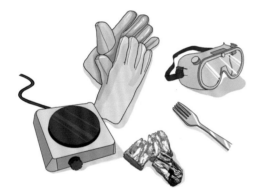

注意:1. 请全程佩戴隔热手套和护目镜;2. 因残留的铋金属不易清除,请使用一次性容器和工具。

2

融化

选择一些较小的铋碎块留用,其余铋块放入牛奶锅中;将装有铋块的牛奶锅放在电炉上加热直至其完全熔化成液态。

3

除杂

随着温度的缓慢降低,液态铋的表面会出现一层氧化铋膜,用不锈钢餐叉轻轻刮除氧化铋膜。(建议刮 2 次膜)

4

种晶

刮除氧化铋膜之后，等待 1 分钟左右，开始投放预留的小块铋块作为种晶。建议少量多次投放。若发现投入的种晶熔化了，则说明温度高于熔点。这时等待一会儿，再投入第 2 块种晶，直至种晶不再熔化，则说明此时液态铋的温度已小于铋的熔点，适合结晶了。

5

冷却

等待液态铋缓慢冷却。每隔一段时间可轻微晃动牛奶锅，观察铋晶体的结晶情况。

6

结晶

观察到铋结晶成较大块状时，用不锈钢餐叉将其从牛奶锅中捞出，在空气中静置半小时，即可得到绚丽的铋晶体。

铋晶体就是熔化的高纯度金属铋在缓慢冷却时的结晶，常常具有独特的方形螺旋形状。晶体铋在制作过程中会被氧化，氧化膜厚薄不均，发生光的干涉，形成炫目的色彩。

地球之基

第五章——石英家族

CHAPTER FIVE>>>

石英，化学成分二氧化硅，是自然界最常见的造岩矿物之一，石英族矿物约占地壳质量的12.6%，被喻为"地球之基"。石英是许多岩浆岩、沉积岩、变质岩和热液脉的主要矿物成分，在工业中担当着重要角色，更为科学家们带来地球深部的信息。那么，水晶和石英是同样的概念吗？石英家族有哪些成员呢？石英在人类生活中发挥了怎样的作用呢？

01 水晶和石英的渊源

图 5-1　巫婆和水晶球

图 5-2　紫水晶皇冠

说起水晶，大家一定不会感到陌生。《西游记》里的孙悟空为取定海神针大闹水晶宫，灰姑娘辛德瑞拉穿着水晶鞋参加王子的舞会，鹰钩鼻子的巫师占卜时的水晶球似乎有未卜先知的魔力（图5-1），白雪公主被恶毒的皇后毒晕后，睡在水晶棺里等待王子的唤醒，还有瑞典皇室珠宝中耀眼夺目的紫水晶皇冠（图5-2）……

与水晶一样出名，且贯穿人类历史发展的矿物还有"石英"。距今260万年到170万年之间的奥尔德沃文化（Oldowan Culture）中，石英被制作成刮刀、锥子或是斧头。从周口店出土的文物看，距今50多万年的北京猿人使用过石英质的打制石器。4000多年前，古埃及人以石英为主要原料烧制玻璃。这些玻璃最初被用作装饰品，后来用于制作望远镜和显微镜中的光学元件（图5-3），为物理学、天文学、生物学、医学和地质学的发展奠定了基础。20世纪60年代，人们以石英砂为主要原料，提取单晶硅，制作的半导体器件和芯片，开启了信息化社会的"硅器时代"。

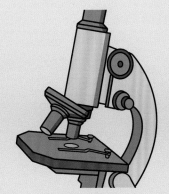

图 5-3　显微镜的光学元件由玻璃制成

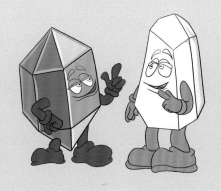

宝石领域晶莹璀璨的水晶和矿物领域"才华横溢"的石英，在不同的舞台上各自辉煌。如果不追根溯源，也许会有人以为水晶和石英是互不相干的角色。可是，真奇怪，它俩的主要化学成分惊人的相似，都是SiO_2。它们之间有什么联系？又有什么区别呢？

在西方，水晶的英文名crystal是由希腊文krystallos演变而来，意思是像水一样清澈透明的晶体。无独有偶，中国古代《山海经·南山经》称水晶为"水玉"，蕴含水晶"其莹如水，其坚如玉"的特征。

中世纪时，石英特指脉石英。脉石英是由地下岩浆分泌出来的成分为SiO_2热水溶液填充在岩石裂缝中形成的外观呈乳白色、白色的块状矿物集合体。在这段历史中，人们对水晶、石英有许多误解。例如，一些学者认为水晶是由冰形成的。还有一些学者认为石英能够变成水晶。更有一些学者认为石英是劣质的水晶。大约到了18世纪末，随着矿物学等学科的发展，水晶和石英的关系终于弄清楚了。广义的石英是指主要化学成分为SiO_2的一类造岩矿物，也叫作石英族矿物。石英族矿物中成分纯净、质地透明的结晶体被称为水晶。

02 庞大的石英家族

1889年，美国化学家克拉克分析了地壳的成分，发现虽然构成地壳的元素有很多种，可真正的主角却只有几位。这些主角当中，氧元素排名第一，约占地壳质量的一半。氧具有极高的反应活性，能与几乎所有其他元素形成化合物。排在其后的是硅，约占地壳总重量的1/4。在原子水平上看，硅表面并不平坦，而是含有诸如台阶、空位、扭结等类型的缺陷，因此容易像乐高积木一样拼接其他原子，共同搭建"格子间"。氧和硅强强联合所组成的氧和硅的化合物，以石头、泥土、沙子的形式存在于我们周围的环境中，它们占地壳总质量的 87%，是岩石圈中占据疆域最多的"王"，而其中最强大的"诸侯国"便是石英家族，它们约占地壳质量的12.6%。

图 5-4　水晶晶簇

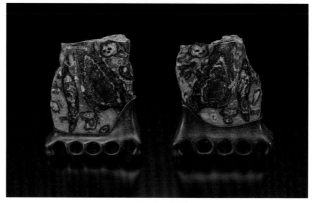

图 5-5　欧泊

在自然界中已发现的石英家族成员有α-石英、β-石英、α-鳞石英、$β_1$-鳞石英、$β_2$-鳞石英、α-方英石、β-方英石、柯石英、斯石英、蛋白石、玉髓等。

石英家族成员中的老大是α-石英，它在地球上的分布非常广泛。但它却不是最能耐热的成员。它只在一个大气压下，573℃以下稳定。因此，α-石英又被称为是低温石英。

在石英家族的耐热比赛中，β-石英的段位比α-石英要高，它在常压下，在573~870℃范围内稳定。并且β-石英中的双胞胎现象特别普遍，常常出现双晶。

俗话说得好，人外有人，天外有天。石英家族中的鳞石英既耐高温，又擅变形。鳞石英有3种变体。高温变体为$β_2$-鳞石英，它在常压下，稳定温度范围为870~1470℃。当$β_2$-鳞石英在冷却过程中，温度降至163℃以下时，会变身为亚稳定状态的$β_1$-鳞石英。当温度下降到117℃以下时，会变身为α-鳞石英。鳞石英的英文名是tridymite，意思是"三次"。这个名称道出了鳞石英的特点，即它经常呈"三胞胎"——三连晶的形态产出。

石英家族中会变身的不止鳞石英。方石英也存在高温方石英和低温方石英两种变体。等轴晶系的高温变体β-方英石，常压下稳定范围为1470~1725℃。在低温(275~200℃)以下过冷却状态下，β-方英石会转变为四方晶系的α-方英石，也就是方石英的低温变体。

石英家族中的柯石英是非常低调却又异常强悍的成员。起初，人们并不知道柯石英的存在。1953年科学家在大约 $35×10^8$Pa，500~800℃的条件下人工合成了柯石英。1960年，美籍华裔矿物学家赵景德在美国亚利桑那州流星陨石坑内的石英砂岩中首次发现了天然产出的柯石英。至此，这位低调的石英家族成员才崭露头角。

与柯石英的耐受力类似，斯石英也是在高温高压的条件下形成的。并且，斯石英形成时的压力比柯石英更高。在高温高压的环境下，斯石英练就了强健的体魄，它的结构致密，硬度可达摩氏硬度8，还能抵御氢氟酸的腐蚀。在浓度 5% 的冷氢氟酸中，斯石英几乎不溶。

蛋白石和玉髓可以说是石英家族中特立独行的异类。它们的外貌与其他成员不同，因此曾被人们看成是宝石和矿物之间的独立实体。18世纪的矿物学著作中甚至将它们另立门户为"硅石"或"燧石"。实际上，蛋白石是一种天然的二氧化硅胶凝体。蛋白石中有晕彩效应的品种就是珠宝界鼎鼎大名的欧泊（图5-5）。玉髓则是石英的隐晶质亚种，常呈肾状、钟乳状、葡萄状等，有鲜红、褐红、鲜绿、深绿等色。玉髓与蛋白石的经历类似，也曾遭到人们的误解，连它的英文名chalcedony，最初也不是它的专属名称，而是用来指代来自同一产地的绿松石、刚玉砂等装饰材料。随着矿物学的发展，玉髓才被证实是隐晶质石英质玉石，终于认祖归宗入了石英家族。

知识补给站：
为什么同样的化学成分形成了不同类型的矿物呢？

"

石英家族的成员们化学成分都是SiO_2，却在物理性质上有许多不同。为什么会出现这样的现象呢？这就要从石英的结晶构造说起了。石英家族的成员中除斯石英外，其余所有成员的结构中，每个硅离子被4个氧离子包围，构成硅氧四面体（图5-6），4个氧离子的中心分别位于四面体的4个角顶上；而每一硅氧四面体均分别与相邻的4个四面体共用一个角顶，从而相互连接成三维的架状结构。当硅和氧在不同的温度、压力、介质条件下搭房子时，硅氧四面体排布的方式和紧密程度上发生着或大或小的差异，从而形成了不同的形态和物理性质。同时，各成员还养成了不同的脾气，即在一定温度范围内结构稳定，如果温压条件变化，石英家族的成员就要顽皮地变身了。

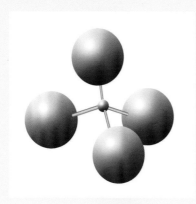

图5-6 硅氧四面体

石英家族成员变完身后还可以恢复原样吗？

α-石英与β-石英之间的转变是可逆的，但β-石英与$β_2$-鳞石英之间以及$β_2$-鳞石英与β-方英石之间的转变都是不可逆的。当温度高于870℃时，β-石英的结构不再稳定，转变成稳定的$β_2$-鳞石英，但当温度降回到870℃以下时，$β_2$-鳞石英并不转变成β-石英，此时$β_2$-鳞石英处于一种亚稳定状态，当温度再下降到163℃以下时，$β_2$-鳞石英转变为$β_1$-鳞石英，若温度继续下降至117℃时，$β_1$-鳞石英还将转变成低温变体α-鳞石英。但此时，α-鳞石英也并不稳定，最终要变为α-石英。当温度高于1470℃时，$β_2$-鳞石英将转变为β-方英石，但β-方英石在温度低于1470℃时，并不转变成$β_2$-鳞石英，而是直至低于275～200℃以后，才转变成α-方英石，后者最终也向α-石英转变。

03 石英家族不简单

在人类漫长的文明进化史中，石英一直伴随左右。它是人类石器时代的黎明，人类祖先用石英制成工具标志着原始人类与自然共融的开始。它还被广泛用于玻璃、铸造、陶瓷及耐火材料、冶金、建筑、化工、塑料、橡胶、磨料等工业。更为可贵的是，石英家族的成员为地质事件充当记录员，让人们可以通过它们记载的信息穿越时空，追溯过往。

人类赖以生存的地球披着华丽的蔚蓝色外衣，内里却是普普通通的"鸡蛋构造"。它的"蛋壳"名为地壳，"蛋白"名为地幔，"蛋黄"名为地核（图5-7）。不过，地球的"蛋壳"非常厚，最厚的地方厚达70千米。可是，人类目前所能钻探的深度仅仅为12千米。地球就像一个巨大的黑箱，人们只能通过各种间接的手段来推断其内部结构。在过去的100年时间里，人们对地球内部结构及物质组成几乎一无所知。

1984年，有科学家分别在西阿尔卑斯的变质沉积岩和挪威西部片麻岩区高压榴辉岩中发现天然柯石英。接着地质学家们又在俄罗斯 Saxonian Erzgebirge发现变质岩中的柯石英。1989年，许志琴院士在中国苏鲁-大别超高压变质带的榴辉岩中发现了柯石英。依据实验室合成柯石英的高温高压条件，人们认为地表柯石英是地球板块首先俯冲到90千米或者更深的上地幔，经受超高压变质作用后再折返回地表的过程中形成的。因此，柯石英被喻为"来自地球深处的信使"，它是地壳运动留下的信号，是研究板块碰撞，分析推测地球深部物质的运动，描述沧海桑田变化规律的记录。当科学家们发现它，再运用仪器和科学知识读懂它，就能了解它所经历的岁月、环境，从而窥知我们所不能及之处的神秘故事。

遍布地壳岩石圈的石英家族平凡却又不简单，它的家族成员兢兢业业为推动人类文明的进步发挥着作用。

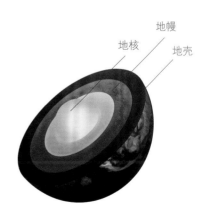

图 5-7 地球内部构造示意图

货币金属

第六章 —— 自然铜族矿物

　　自然界中已知的自然元素单质矿物有40多种，仅占地壳质量的1%。为数不多的自然元素单质矿物中，自然铜族矿物可谓"一门三杰"，其麾下自然铜、自然银、自然金三个成员自古以来就在货币领域扮演重要角色，是家喻户晓的"货币金属"。

图6-1 金银含量渐变

从元素周期表上看，铜元素（29号）、银元素（47号）、金元素（79号）自上而下依次排列在ⅠB族，又称为铜族元素。由铜族元素组成的矿物，原子结构型简单，具有典型的金属键，呈现紧密堆积的立方（或六方）面心格子的铜型结构。因此，它们的外在"形象"也非常类似——不透明、金属光泽、硬度低、相对密度大、延展性强，是热和电的良导体。

自然铜族矿物的三巨头——铜、银、金相处融洽。自然界中纯金极少，它常常与银相依相伴。含银量小于5%的金被称为自然金，含银量在5%～15%的称为含银自然金；含银量在15%～50%之间的被称为银金矿；含银量在50%～85%的称为含金自然银；含银量如果达到95%以上就归类为自然银了（图6-1）。矿物学中称这种现象为类质同象。

02 类质同象 与同质多像

如果把上一章提到的石英族和本章的铜族矿物做对比，你就会发现一个有趣的事儿——石英族的成员们成分相同，形象各异，铜族矿物的成员形象一致，成分却存在差异。事实上，石英族矿物和铜族矿物分别是同质多像和矿物类质同象的典型案例。

同质多像是指相同的化学成分，在不同的物理化学条件（如温度、压力、结晶时介质成分等）的影响下，可以形成结构、形态和物理性质完全不同的几种晶体，这种现象称为同质多像。而这些不同晶体则称为同质多像变体。例如，碳（C，元素周期表上6号元素）在不同的地质条件下，可能结晶成璀璨夺目的钻石，也可能结晶成黑漆漆的石墨。

类质同象是指在自然界复杂的生长环境下，矿物格子间里的"积木"被性质相似的其他"积木"替代，结晶成均匀的，呈单一相的混合晶体。如果入侵的"积木"势力强大，就可以由着自己的性质以任意的数量替代格子间里的原住民"积木"。这时，我们称之为完全类质同象。当入侵"积木"的替代量受到限制时，则被称为不完全类质同象。例如，自然银和自然金之间可以形成完全类质同象替代。自然银和自然铜、自然金和自然铜之间则往往形成不完全类质同象替代。

图 6-2　类质同象与同质多像

图 6-4　德拉克马银币

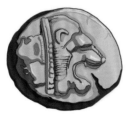

图 6-3　琥珀金币

根据元素的金属键性质，自然元素单质矿物可分为自然金属矿物、自然半金属矿物、自然非金属矿物。"一门三杰"的铜族元素矿物属于自然金属矿物类别，门下3个成员自古以来就被用来制造货币。

春秋战国时期，铜铸币在我国流通，被铸成布币、刀币、圜钱、蚁鼻钱等形制。到了秦汉时期，货币统一，黄金和铜钱并行。黄金按重量称量使用，铜钱按枚使用。宋代，随着商业的发展，铜钱逐渐满足不了市场的需求，白银的货币功能得以发展。明朝万历年间，欧洲的银元流入中国，被称为洋钱，又名鹰圆。到清乾隆时期，我国开始铸造自己的银币，一直延续到民国时期。

无独有偶，国外也早早认识到自然铜族矿物作为货币材料的优势。早在公元前600年，吕底亚王国已经掌握了金银分离技术，铸造出金币、银币，以及按金银3∶1配比的琥珀金币（图6-3）。在当时，1枚琥珀金币相当于士兵1个月的工钱。随着琥珀金币在西方地域的不断流传，波斯人民认识到了钱币的重要性。于是波斯人民就地取材制造出了属于自己国家的钱币——波斯古币。公元前525年，古希腊雅典城邦制造了著名的德拉克马银币。德拉克马银币的正面是古希腊神话中的智慧女神雅典娜，背面是雅典城的象征猫头鹰（图6-4）。

在古代，以金、银、铜为材质的货币突破了疆域的界限，遍布世界各国。自然铜族矿物究竟有什么独到之处，让世界各地的人们不约而同都选择它们来制造货币呢？

》秘诀1：闪耀夺目

人类是高度依赖视觉的动物，所以闪亮或者颜色鲜艳的物体对人类有着天然的吸引力。古罗马人使用的拉丁语中"金"被称为"aurum"，其词源的含义是"发光"，而"银"的拉丁文名字"argentum"也是"闪亮"或者"白色"的意思。古埃及人则认为黄金是神的肉身，象征着太阳的光芒。不难看出铜族三兄弟熠熠生辉的光泽给古人留下了深刻的印象。矿物学家为了知道哪种矿物更亮，曾经研究过各种矿物的反射率（反射率是指在矿相显微镜下垂直入射光经矿物光面反射后的反射光强与原入射光的比率）。反射率越高，反射回去的光线就越多，矿物看起来也就更闪亮。研究结果显示，常见矿物中反射率的前三名就是自然银（图6-5）、自然金（图6-6）和自然铜（图6-7）。自然银、自然金、自然铜在546nm波长的单色光下测定的反射率分别为94.3%、77.8%和60.7%。位列第四的黄铁矿的反射率仅为52.0%，被前三名甩开了相当大的距离。所以，整天与各种灰头土脸的石头为伴的老祖先们，当发现这三种耀眼夺目的矿物，必然是"路转粉"无疑。

图6-5 自然银

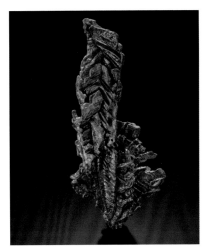

图6-6 自然金

图6-7 自然铜

>> 秘诀 2: 颜值永驻

光靠肤浅的外表是不足以担当货币金属重任的。毕竟很多金属硫化物的光泽也并不逊色。铜族三兄弟能够稳坐货币金属的宝座，靠的是它们的独门秘术——驻颜术。

反射率排名第四的黄铁矿颜值并不低，偶尔会被没经验的矿工误以为是黄金，故而得了个绰号"愚人金"。不过，黄铁矿容颜易老，它成分中的硫离子（S^{2-}）不稳定，遇到氧气易被氧化成硫酸根离子（SO_4^{2-}），如果再遇到水来助阵，这一氧化过程快到几乎肉眼可见。可以想象，假如古人用黄铁矿来做货币，不过多久，辛苦攒下的钱币就会变成一堆褐黄色的锈渣。

自然银和自然铜虽然也会被氧化，形成黑色的氧化银和棕黑色的氧化铜或者绿色的铜绿。但自然银的氧化过程非常缓慢，几百年也只能形成薄薄的一层。自然铜的氧化速度稍快一些，但只要少接触水，就能长久保存。而自然金更是"懒"到极致，常温下完全不与氧气发生反应。2015 年，西汉海昏侯墓出土的 78 千克黄金惊艳世界，这些黄金经历了 2000 多年的沧桑岁月，依然闪亮如昨。

>> 秘诀 3: 性能优越

如果铜族三兄弟光有颜值，没有内涵，是断不可能受到人们追捧的。铜族三兄弟内外兼修，不仅有闪亮的外表，还具备高超的性能。它们的摩氏硬度只有 2.5 ～ 3，与人们指甲的硬度差不多，再加上它们优良的延展性，恰好方便了工匠们对它们进行锻造。重量仅为 1 克的黄金可制成 1/10000 毫米厚，约 0.5 平方米大小的金箔。作为货币，铜族三兄弟柔软可塑的特性也为它们加分不少。在古代，买卖交易需要找零时，人们会用剪子或者凿子从大块的金锭、银锭上切一块下来，称出所需的重量即可。

》秘诀 4: 分布广泛

中国有许多成语与金、银、铜有关,例如"真金白银""披金戴银"等,这些词语从侧面说明了铜族三兄弟的珍贵。可是货币需要有足够的数量才能在市场上流通。那么,我们所说的"货币金属"是怎么实现既珍稀又足量的需求的呢?

原来,黄金虽然相对稀有,但在全球各大陆都有分布,大多数国家都能从本国的金矿床中就地取材。2019年全球矿产黄金产量为3534吨,年产量超过40吨的国家就有20多个。

金矿之所以遍布世界各地,是因为金其实是个货真价实的"两面派"。别看自然金在我们面前俨然是一位练成了"金钟罩"第九重的绝世高手,就连硝酸、硫酸这种狠角色都对它无可奈何。可是在重重岩层重压下,不管上涌的岩浆释放的炽热蒸气,还是高压和高温的古老岩石悄悄发生变质作用时释放出的变质流体,甚至地表雨水下渗后被岩浆烘烤加热形成的地下热泉,只要这些高压热水里含有一些盐或者臭鸡蛋味的硫化氢,金元素就摇身一变成了"狂热粉丝",跟随它们组团一起四处闯荡,直到热水冷却或者压力降低,金离子被抛下形成自然金,和黄铁矿等硫化物、石英等一起构成了一条条金矿脉,造就了一座座岩金矿床。

金的"追星故事"在地球不断聚散的板块边缘反复上演,把无数岩金矿床散布在众多山脉以及亿万年前曾经是山脉的地方。当这些岩金矿脉暴露到地表,接受阳光和雨水的洗礼时,自然金就又开启了另一段旅程。此时已是"金钟罩"护体的自然金颗粒,开始和砾石、泥砂一起被水裹着挟着顺流而下。这些小溪和河流如同一张张高速公路网,把原本藏在深山人未识的自然金搬运到下游的各个地方,经过河水千万年的冲刷淘洗,沉重的自然金颗粒会逐渐在流速平缓的部位逐渐聚集,形成砂金矿床。自然金就这样被送到许多文明繁盛的平原地区。

自然银和自然铜很少像自然金这样形成砂矿,它们大多是由含银和铜的硫化物氧化形成,富集在硫化物矿脉的地表露头附近,能被人类发现的概率和数量都不如自然金。好在聪明的人类在它们的指引下,顺藤摸瓜找到了它们数量庞大的硫化物表兄弟,人类自己冶炼出无数的银和铜。

不可否认,能够充当货币的物品,稀缺是必备的基本属性,石块、木头之类的大路货,恐怕没有几位商人同意顾客用它来付账。然而,如果一种货币过于稀有,那它要么会昂贵到大部分人根本用不起,要么会被少数人垄断导致大家根本无钱可用。例如,著名的贵金属——铂矿分布极不均衡,世界上90%的铂资源都蕴藏在南非,每年97%的铂产量来自于南非、俄罗斯和津巴布韦三国,拿这种随时可能被"卡脖子"的东西当货币,绝对不是明智之举。

04 » **货币金属**
的 **"新工作"**

数千年的历史长河中,金、银、铜端坐在货币金属的宝座之上,成了财富的代言,让人们忽略了它们在其他领域的可能性。随着科技的进步,铜族三兄弟的潜能被不断发掘,颠覆了世人对它们的刻板印象。

金的自述——我其实很活泼

大多数的人认为我又懒又无聊,披着耀眼的外衣,不参与任何社交。然而,在20世纪80年代,科学家通过技术将我分成仅有几个原子的微小纳米级碎片后,发现我变成了异常活泼的催化剂。纳米级的我可以以极高的活性催化一氧化碳氧化和乙炔氢氯化,而且即使在接近地球最低环境温度时,仍能保持催化活性。这对于地球人所推崇的绿色环保理念实在是一个重大好消息。因为,人类使用的一些传统催化剂对环境有害。金催化剂的"活泼"和"绿色"特性无疑将为人类的日化产品生产制造提供更加环保的可能。

"做货币的时候，我比金便宜；当奖牌的时候，我只能颁给亚军；造首饰，你们嫌弃我会发黑。其实，你们并不知道我的价值！"

人类对我的开采、精炼和使用已有数千年的历史，以至于世界上的许多地名都与我（银的拉丁文 argentum）有关，例如，阿根廷（Argentina）。但是，在悠长的历史中，我似乎总是扮演千年老二的角色，屈居于黄金之后。其实，我的业务范围比金更广泛，我不仅仅在货币金融领域发光。古埃及人早在公元前 2500 年就曾将银板植入头骨，古希腊人和罗马人则会用银质容器防止液体腐败。人们将银币投入许愿池的目的不只是祈福，还是为了给许愿池水除菌。公元 659 年的中国曾有关于用银膏修复牙齿的记载。时至今日，牙医补牙的材料中仍含有 20% ～ 35% 的银。现在，纳米级的银被作为抗菌剂用在生物技术和生物工程、纺织工程、水处理中。最近的研究表明，阴离子络合物涂层的植入材料植入人体后，不仅不会产生排异，还能有效预防细菌感染。所以，我是被低估的宝藏，未来必定还能发挥更大的作用。

银的自述——我是被低估的宝藏

图 6-8　自由女神像

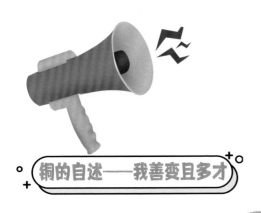

铜线、铜火锅、铜管道，都是我。我在人类的生活中随处可见，所以人们觉得我平凡又不起眼。其实，我很善变，我是蓝铜矿、绿松石等矿物的颜色来源，就连自由女神像也是因为我被氧化而呈现绿色（图6-8）。如果深入了解我，你会知道我擅长的不仅是颜色上的变化，我还在航天航空、生物制药等领域发挥着才艺。我与氧的相容性高，并且具有良好的导电性。因此，我被制成碳纤维／铜基复合材料。这种材料综合了我的良好导电、导热性和碳纤维的低热膨胀系数、高润滑性等特性，被广泛用作火箭发动机上的电子元件材料、滑动材料、触头材料、热交换材料、引线框架材料等。

除此之外，我的 Cu^+ 或 Cu^{2+} 能撮合不同的分子聚到一起，并在它们之间引发化学反应，改造聚合物的性质。说起来，我的 Cu^+ 和 Cu^{2+} 非常灵活，二者之间的灵活切换，实现了单电子的转移。这个过程发生在生物体的细胞呼吸中。生物组织从葡萄糖中摄取能量，线粒体膜上的含铜酶通过单电子转移，氧化葡萄糖并还原氧气，同时产生水。这些含铜酶的作用对生命过程至关重要。由于我广泛存在于生物组织中，也就自然而然地被科学家利用我的偶联反应合成药物。

这样说来，无论是电子电器工业、化工、国防领域，还是建筑、医学领域都可见到我的身影。我是不是多才多艺呢？

文明的骨骼
——硫化物家族

第七章

硫，非金属元素，在元素周期表中排行第 16 位。它独立存在时被称为硫黄，性质并不稳定。更多的时候，它与其他的金属或半金属结合，形成化合物，用于工业、家用、军事及农业领域。

01 硫化物家族 的 "土豪光环"

图 7-1 硫化物家族的 "土豪光环"

图 7-2 黄铁矿

硫化物家族是一群由铁、铜、铅、锌、镍、钼等金属和砷、汞等半金属元素与硫元素（S）结合而成的矿物。虽然已发现的硫化物家族成员只有 200 多种，在矿物王国中算不上 "人丁兴旺"。但若论影响力，硫化物家族可是绝对的名门望族，这都要归功于它们家族出场自带的 "土豪光环"（图 7-1）。硫化物家族的 "光环"，是指它们大多具有在阳光下熠熠生辉的金属光泽，这种 "光环" 让它们很难成为低调的 "路人甲"。不知道你是否有路过一片碎石地，或者一处煤堆，却被其中点点金光吸引的时候？如果你顺着金光找去，大概会找到一些金灿灿的方形小颗粒，那就是硫化物家族的老大哥——黄铁矿（图 7-2）。黄铁矿的主要成分是 FeS_2，有个外号—— "愚人金"（fool's gold）。据说 17 世纪初，英国探险家约翰·史密斯船长在探索北美洲弗吉尼亚地区的奇克哈默尼河之后，万里迢迢将一整船的 "金矿石" 作为战利品送回到伦敦，结果被鉴定出只是一堆价值低廉的黄铁矿。作为地球上最常见的硫化物，黄铁矿在金属矿床中随处可见，沉积岩和煤层中也不乏其身影，从古至今无数人被这些闪耀着黄金光芒的小颗粒愚弄过。英国著名作家莎士比亚曾经感慨："闪光的东西，不一定都是金子。" 不知道他是不是也是有感而发呢？

图 7-3　黄铜矿

图 7-4　斑铜矿

硫化物家族中的黄铜矿（$CuFeS_2$）也长得很像黄金（图7-3）。黄铜矿所呈现浓郁的铜黄色金属光泽，比黄铁矿的浅铜的黄色更接近黄金的色泽，但是为什么"愚人金"的绰号却被黄铁矿抢去了呢？首先是因为黄铜矿没有黄铁矿分布广泛，通常在矿山才能见到。另一方面，黄铜矿的表面很容易氧化形成一层以红紫色调为主的虹彩薄膜，矿物学家把这种现象称为"锖色"。本来打算冒充黄金骗人的黄铜矿，锖色就让它彻底露馅了。其实黄铁矿表面也会出现黄褐色的锖色，但因为色调与铜黄色相近而容易被忽视，所以在"愚人金"的道路上，黄铁矿比黄铜矿走得更有名气。

说到锖色，许多硫化物矿物表面都会氧化形成锖色，但因此而得名的，大概只有黄铜矿的兄弟斑铜矿（图7-4）了。斑铜矿的化学成分是Cu_5FeS_4，它的表面通常都呈现绚丽斑驳的蓝紫色调锖色，使它成为自然界中色彩最丰富的矿物之一。斑铜矿的英文名称bornite是为了纪念奥地利矿物学家伊格纳兹·冯·伯恩（Ignaz von Born），但在西方矿物爱好者口中它还有一个更贴切的俗名孔雀铜，而斑铜矿的中文名也是形容它五彩斑斓的锖色，大概是因为斑铜矿的锖色太过美丽，让人们都忘记了暗铜红色才是它的本来面目。

图 7-5　从方铅矿中提炼铅

　　方铅矿是硫化物家族中的另一个大明星，方铅矿不仅有着迷人的银白色闪亮光泽，而且它被轻轻一敲就会沿着解理碎裂成一块块小立方体的特性也让人印象深刻。方铅矿是铅的硫化物（PbS），由于铅的熔点只有327℃，方铅矿成为了最容易熔炼的金属矿物之一，只要把方铅矿放进篝火中，等到篝火燃尽，就可以从灰烬下面收集到熔化的铅（图7-5）。人类利用这种简单方法熔炼铅的历史已有数千年之久，土耳其出土过公元前6500年制作的铅珠和铅雕像，考古学家推测铅可能是人类冶炼加工的第一种金属。

虽然黄铁矿、黄铜矿、方铅矿这些金属硫化物的晶体都穿着闪亮亮的"金盔银甲"，但如果它们被研成粉末，或者在白瓷片轻轻一划，这些硫化物就立刻原形毕露，变成黑黢黢的大老粗，这种颜色叫作"条痕色"，是鉴定矿物的重要指标之一。不过，硫化物家族中也有几个表里如一的高颜值成员，它们就是雌黄（图7-6）、雄黄（图7-7）和辰砂（图7-8）。雌黄是一种柠檬黄色的砷的硫化物，化学成分是As_2S_3，雄黄是另一种橘红色的砷的硫化物，化学成分是As_4S_4，雌黄常常和雄黄一起共生，就像是一对矿物鸳鸯。辰砂也称朱砂，是一种朱红色的汞的硫化物（HgS）。这三种硫化物即使研磨成粉末也能保持鲜艳的颜色，而且颜色经久不变，因此在东西方的历史上都被当作重要的颜料和染料。雌黄的颜色与古代纸张的颜色相近，被中国古人用作"涂改液"，还因此衍生出一个妇孺皆知的成语"信口雌黄"。

图7-6　雌黄

图7-7　雄黄

说硫化物家族"土豪"，当然是因为它们都是"矿老板"了。尽管硫化物矿物只占地壳物质总质量的区区0.15%，但我们用的铜、铅、锌、镍、钴、钼、铋、锑、汞等有色金属矿产几乎全是硫化物家族独家专营。正是由于掌握了利用黄铜矿等硫化物冶炼青铜器的技术，人类才正式开启了文明之路。时至今日，全球每年冶炼出的铜超过2000万吨，这些铜变成了我们的现代生活必不可少的电线、水阀、家用电器和网络设备。可以说硫化物家族如同骨骼一样支撑起了人类社会的躯体。

图7-8　辰砂

02 » 水深火热中诞生的硫化物

硫化物是矿物家族中的活跃分子,如果你仔细寻找,地表的各类岩石中几乎都能寻觅到它们的踪影,它们是地球之盐,也是生命之源。

» 火海浮沉

岩浆是地球上一切矿物的本源,硫化物当然也不例外。源自地幔的基性岩浆在冷却过程中会出现一种特殊的现象,富含硅质的岩浆熔体中会逐渐出现一些小液滴,这些小液滴与岩浆熔体界线分明,就如同一碗热汤中悬浮的一滴滴油花。这些液滴就是熔融状态的硫化物,其中富含硫以及铜、铁、镍、钴和铂族金属元素。和油滴慢慢浮上水面不同,岩浆中的硫化物熔滴的密度比岩浆熔体大得多,因此这些硫化物熔滴不断下沉到岩浆房的底部,在这里逐渐汇集成"池塘""湖泊",甚至"海洋"。当岩浆温度下降到1100℃以下之后,硫化物熔体中就会逐渐结晶出磁黄铁矿、黄铜矿、镍黄铁矿等许多种硫化物矿物。

然而,一些金属元素和硫元素却拒绝在岩浆"沉沦",一直以离子的状态游离在岩浆中,当它们遇到岩浆中的气泡时,就搭上这些特快列车一路上升。这些满载着金属和硫元素的岩浆气泡号"舰艇"最终会离开岩浆,沿着周围岩石的裂隙继续前进,并且逐渐汇聚成一种灼热的液体。这种液体的成分主要是水、CO_2和少量其他气体,这些成分在周围岩石的巨大压力下,混合成了一种类似于汽水的溶液,被称为"热液"。在含矿热液冷却的过程中,热液搭载的金属和硫元素会被逐渐卸下,它们便结合形成了各种硫化物。一般来说,不同的金属元素硫化物会选择不同的位置"下船"。辉钼矿、辉铋矿、辉钴矿和磁黄铁矿等硫化物会在热液温度高达350~500℃时,在紧邻岩浆岩位置就匆匆"下船";黄铜矿、方铅矿、闪锌矿、黝铜矿、斑铜矿会等到热液温度降到200~350℃时,在稍远的位置沉淀;而辉锑矿、辰砂、雄黄、雌黄、辉银矿等硫化物则是一直坐到终点站,直到温度降到200℃以下时才离开热液(图7-9)。

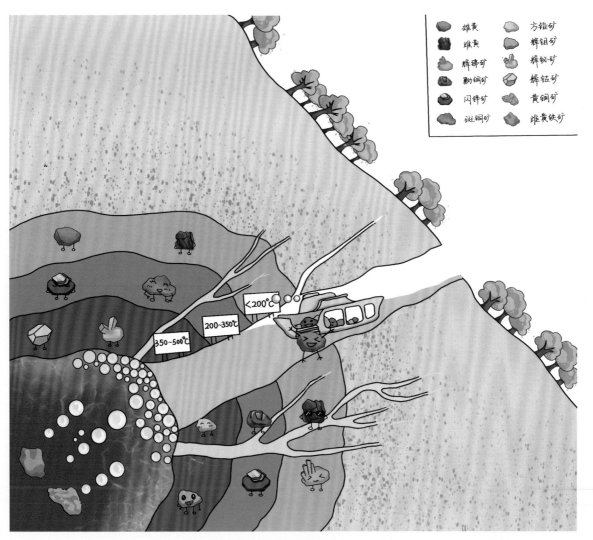

图 7-9　硫化物矿产形成

>> 生命之源

尽管岩浆和热液作用积累了巨量的硫化物，形成了无数巨大的金属矿床供人类日夜不停地开采，但这些还不到地壳中硫化物总量的5%，其余的95%的硫化物以黄铁矿的形式封存在沉积岩之中，而这些黄铁矿全都是微小的细菌的杰作。

在海底和湖泊底部，富含有机质的沉积物会形成厌氧环境。缺氧的水体中生活着硫酸盐还原细菌，这些生物通过将沉积物和海水中的硫酸盐还原为H_2S，同时分解有机物来获取生存所需的能量，当硫酸盐还原细菌产生的H_2S与沉积物中的Fe^{2+}反应时，就会形成黄铁矿。最新的科学研究认为，硫酸盐还原细菌形成黄铁矿的过程，可能对多细胞生命的起源有着重要作用。

在十几亿年前的海洋中，虽然已经生活着大量进行光合作用并释放氧气的细菌、蓝藻等微生物，但它们死亡后遗留的有机质在海水中不断积累，大量消耗海水中的氧气，从而导致海洋一直处在缺氧状态。在距今5.7亿年前后，地球上的主要大陆通过拼合形成了一个冈瓦纳超大陆和位于超大陆内部的超级中央造山带，将8亿年前后大量沉积的蒸发岩矿物风化剥蚀输入海洋。这些蒸发岩中富含的硫酸盐使海洋中的硫酸盐还原菌变得异常繁盛，这些细菌对海水中的有机质进行氧化，形成黄铁矿的过程中，快速消耗掉了原始海洋中的有机碳，改变了原始海洋的缺氧环境。通过硫酸盐还原细菌的不懈努力，在距今5.8亿~5.2亿年前后，地球大气中的氧含量增加到现代大气氧含量的60%以上的水平，大洋也全部氧化，导致了多细胞生物的起源和寒武纪大爆发。

时光刻录机
——石榴石家族

第八章

如果地学界也有哆啦A梦，那么石榴石就是哆啦A梦百宝袋里的时光刻录机。这台神奇的机器兼具记忆面包和时光机的功能，能如实地记忆并刻录数百万年的地质过程，对于科学家们理解地质过程十分有帮助。本章将介绍石榴石家族的成员、矿物特征、应用和研究前沿。

01 成分混搭的
家族成员们

石榴石是上地幔主要造岩矿物之一。正如我们在第四章中所介绍的，石榴石是岛状硅酸盐矿物，它的晶体形状与石榴子的形状、颜色十分相似，故而得名。石榴石在古代就被人们用作首饰材料或研磨料，只不过那时候它的名字叫紫牙乌。古阿拉伯语中"牙乌"是"红宝石"的意思，古代人觉得石榴石的外观像红宝石，所以给它取名为紫牙乌。但是，事实上石榴石族的兄弟姐妹们并不全是红色的。它们有些是橙色，有些是绿色，甚至有些是黑色的。这是由于这一族的矿物中，类质同象替代非常普遍。

石榴石的化学成分通式为$A_3B_2(SiO_4)_3$，其中A是一个代号，指的是二价阳离子，例如Mg^{2+}、Fe^{2+}、Mn^{2+}、Ca^{2+}等，而B代表的三价阳离子，例如Al^{3+}、Cr^{3+}、Fe^{3+}、Ti^{3+}、V^{3+}、Zr^{3+}等。如果A位置以半径较小的Mg^{2+}、Fe^{2+}、Mn^{2+}的类质同象替代所构成，称为铝质系列，常见的品种有镁铝榴石、铁铝榴石、锰铝榴石。B位置以Al^{3+}、Cr^{3+}、Fe^{3+}的类质同象替代所构成的称为钙质系列，常见的有钙铝榴石、钙铁榴石、钙铬榴石。如果石榴石成员碰上来"串门子"的OH^-，还有可能形成含水的亚种——水钙铝榴石。

从表8-1中不难发现,石榴石族各成员之间相处融洽(图8-1),在成分上存在着广泛的类质同象替代。自然界中的石榴石的成分通常是类质同象替代的过渡态,很少有纯粹的端员组分的石榴石存在。从颜色上看,镁铝榴石以紫红色——橙色色调为主。铁铝榴石又称为贵榴石,以红色色调为主,包括褐红色、粉红色、橙红色等。锰铝榴石(图8-2)常见的颜色有棕红色、玫瑰红色、黄色、黄褐色等。钙铝榴石的颜色多种多样,主要有绿色、黄绿色、黄色、褐红色、乳白色等。钙铁榴石(图8-3)常见的颜色有黄色、绿色、褐色、黑色。钙铬榴石的颜色为鲜艳的绿色、蓝绿色,与祖母绿的绿色相仿。

图8-1　石榴石族成员手拉手围成一圈

图 8-2
锰铝榴石、烟晶、长石

图 8-3
钙铁榴石

表 8-1　石榴石族矿物种属划分

名称	分子式		变种
铝质系列	镁铝榴石	$Mg_3Al_2(SiO_4)_3$	
	铁铝榴石	$Fe_3Al_2(SiO_4)_3$	
	锰铝榴石	$Mn_3Al_2(SiO_4)_3$	
钙质系列	钙铝榴石	$Ca_3Al_2(SiO_4)_3$	铬钒钙铝榴石 (绿色含铬钒的钙铝榴石)
			水钙铝榴石 (含羟基的钙铝榴石)
	钙铁榴石	$Ca_3Fe_2(SiO_4)_3$	
	钙铬榴石	$Ca_3Cr_2(SiO_4)_3$	

阳离子、阴离子和羟基的书本定义

阳离子：又称正离子，是指失去外层的电子以达到相对稳定结构的离子形式，阳离子一般是金属离子。

阴离子：阴离子是指原子由于外界作用得到一个或几个电子，使其最外层电子数达到稳定结构。原子半径越小的原子其得电子能力越强，金属性也就越弱。阴离子是带负电荷的离子，核电荷数=质子数<核外电子数，所带负电荷数等于原子得到的电子数。

羟基：羟基是一种常见的极性基团，化学式为–OH。羟基与水有某些相似的性质，羟基是典型的极性基团，与水可形成氢键，在无机化合物水溶液中以带负电荷的离子形式存在（OH⁻），称为氢氧根。

知识补给站：
阳离子、阴离子、羟基
"

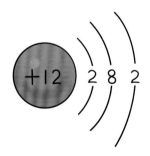

图8-4 镁原子结构

我们可以把原子想象成一个从内向外分了很多层的套球。套球的每一层可以装的小球（电子）是有限的。当套球的内层装满了规定数量的小球，多余的小球就会被挤到向外一层的套球里。如果多余的小球正好把外层给填满了，那么这个原子就可以安稳地睡大觉了。如果多余小球的数量远远填满不了外层，又凑巧遇到来借小球的其他原子，那么它就会把多余的小球慷慨地借出去。出借小球的原子形成阳离子，借出几个小球，就形成几价的正电荷。而找别人借小球的原子背了债，变成负离子，借了几个小球，就会形成几价的负电荷。例如，在元素周期表中，镁是第12号元素，相当于有12个电子（图8-4）。它的最内层排列2个电子就排满了，于是，它在第二层排列8个电子，剩余的2个电子在第三层。若与其他离子结合时，镁将最外层的2个电子借出，则形成 Mg^{2+}。

无处不在的石榴石族成员

在我们的生活中,石榴石的出镜率很高。装饰材料云母片岩中的暗红色晶体、玫红色的珠子手串、被误认成祖母绿的宝石、砂纸中的红色颗粒等都是石榴石。这是因为石榴石族成员广泛分布于各种地质作用中,容易被采集。区域变质岩、接触变质带中、某些类型的火成岩中、碎屑沉积物和沉积岩中都有可能见到石榴石的身影。不过,不同的地质作用会形成不同种类的石榴石。镁铝榴石主要是金伯利岩的伴生矿物,也是地幔岩的包体矿物之一。铁铝榴石则为区域变质岩的产物,主要产自于片岩中。锰铝榴石主要产于伟晶岩、花岗岩及锰矿床的围岩中。钙铝榴石主要产于接触变质岩内,是矽卡岩早期的结晶产物。钙铁榴石是接触交代变质矿物,其中翠榴石产于超基性交代成因的蛇纹岩中。钙铬榴石颗粒非常小,常常产自超基性岩、矽卡岩中。水钙铝榴石是钙铝榴石的交代产物,主要产于接触变质岩中。

从地理区域分布来看,镁铝榴石的主要产地有美国亚利桑那州、捷克的波西米亚等地;铁铝榴石的主要产地有印度、美国、斯里兰卡、巴基斯坦、缅甸、泰国、澳大利亚、巴西、中国;锰铝榴石的主要产地是德国、亚美尼亚、美国;钙铝榴石的主要产地是斯里兰卡、墨西哥、巴西、加拿大、肯尼亚、坦桑尼亚、中国;钙铁榴石在乌拉尔地区、扎伊尔、韩国、美国加利福尼亚州有发现;钙铬榴石产地很少,主要在乌拉尔地区、法国、挪威等国有发现;水钙铝榴石则在南非、加拿大、美国、中国、缅甸有产出。

注:这部分内容中提到了许多岩石概念,例如区域变质岩、接触变质带、火成岩、沉积岩等。这些概念属于岩石学概念,将在我的下一册书《岩石密码》中详细介绍。

123

03 平凡中的不凡

通过前面的介绍，我们知道石榴石家族包容性极强，家族成员们广泛接纳不同半径的多种阳离子来参与它们的格子间建造。五花八门的离子们搭建的石榴石晶体结构紧密、对称。这些成分、结构特征决定了石榴石族成员的高密度（一些铁铝榴石的密度可以达到4.5克/厘米^3）、高硬度（摩氏硬度7～8）、高熔点、磁性以及丰富的色彩，同时也影响着不同类型石榴石对环境温度、压力的适应与反馈。

矿物形成的温度、压力条件影响着晶体结构中的阳离子搭建格子间时的用量。温度升高，阳离子"用量"减小，而压力增大阳离子"用量"增加。石榴石中常见的阳离子中Ca^{2+}半径最大，因此它周围的阴离子（团）数量为8，Mn^{2+}、Fe^{2+}、Mg^{2+}的半径一个比一个小，所以它们更习惯和6个阴离子（团）相连。如果要让Mn^{2+}、Fe^{2+}、Mg^{2+}周围的阴离子（团）数目也达到8个，就必须要在压力增高的条件下形成。这也就是为什么钙铝榴石、钙铁榴石一般在接触变质条件下形成，锰铝榴石在压力稍高的低级区域变质条件下形成，铁铝榴石在压力更高的中级区域变质条件下形成，镁铝榴石则只能在压力极高的条件下生成。石榴石家族成员分布广泛，并且对于温压呈现规律性反映，使得随处可见的它们在平凡之下蕴含着不凡。它们是证据也是线索，帮助人们理解地质变化过程、岩石颠沛流离的轨迹，给人们提供找矿的依据。

知识补给站：密度

"

密度是物质的特性之一，每种物质都有一定的密度。当我们用手掂量一件物品，发现它体积不大，但很压手，那就说明这个物品的密度比较大。反之，当我们感觉到一件很占空间的物品轻飘飘的，那么这个物品的密度一定比较小。在物理学中，密度是指某种物质单位体积的质量，用符号ρ（读作rho）表示，密度的单位有克每立方厘米，符号是克/厘米。

常温下水的密度大约是1克/厘米^3，人体的密度是1.02克/厘米^3。许多造岩矿物的密度为2.2～3.5克/厘米^3。石榴石的密度算是矿物中比较大的了。

图 8-5　石榴石用于地质定年

　　石榴石族的成员们有许多优点，它们随遇而安，适应多种地质环境，既保持自身的个性，也能接纳前来投靠的阳离子。同时，石榴石们还是个慢性子的有心之石，成长过程的一点一滴它们都会逐一记录在内部的环带中。剖开石榴石，借助仪器，我们可以观察到石榴石内部发育的清晰的环带结构。石榴石们用成分、结构两套"密码"向人们传递它们所经历的惊心动魄的地质过程。为了读懂石榴石的日记，岩石学家对石榴石不同点位做成分分析，通过热力学建模来理解石榴石记载的造山作用，从海洋俯冲到大陆碰撞的所有阶段。再对石榴石进行 X 射线图谱分析，就能解译石榴石斑状变晶显微

结构所暗含的结晶机制和动力学平衡的详细记录。除此之外，石榴石的日记中还有其他矿物的友情客串。作为难熔矿物，石榴石是其他矿物理想的安全屋。锆石、独居石等外来矿物偶尔会被包裹在石榴石中。这些副矿物包裹体用它们特有的成分密码为石榴石的日记增墨添彩。科学家们通过对这些包裹体进行同位素年代学和微量元素研究，可以准确锁定石榴石形成的年代，还能推断它们详细的变质演化历史和演化轨迹。大家说石榴石是不是可以与哆啦 A 梦（图 8-5）百宝袋里的记忆面包和时光机相媲美呢？

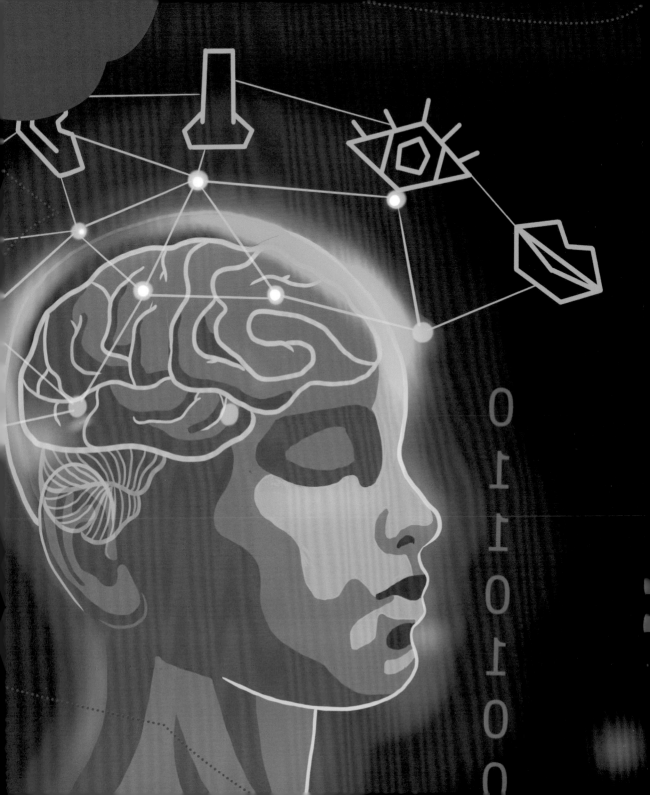

感知
第九章 矿物
CHAPTER NINE>>>

在大多数人的印象中，矿物们呆板、冷漠，有些还相貌平平。不过，如果你细心观察，就会发现矿物的颜色、温度、声音、气味、触感各有不同。让我们在这一章里用不同的感官去刷新我们对矿物的认识吧！

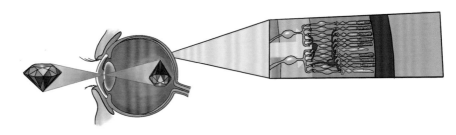

图 9-1　看见矿物

当我们看见一个矿物,我们看到的是它的什么特征? 这可不是一个容易回答的问题。让我们来分析一下人眼看物体的过程,然后再来讨论这个问题。一件矿物摆在我们眼前,它刺激眼睛去关注它,在关注矿物的时候,人眼接收的是来自光的信息,光在视觉感受器上转变为电信号,这个信号传入大脑,形成了我们对矿物的视觉印象。可见,看见矿物并不只是眼睛的功劳,而是眼睛、光、矿物、大脑共同协作的结果(图9-1)。一件矿物放在我们眼前,我们看到的是在光的作用下显现出来的矿物的尺寸、形状、颜色、光泽、透明度和空间方位。

通过本书第二章"矿物的彩虹世界"的介绍,我们知道人眼可以看见可见光范围内的颜色。结合我们所分析的"看"的实质,我们就能明白为什么在不同的光源下观察矿物,矿物的颜色看起来不一样。更有趣的是,如果把不同颜色的矿物分别放在明或暗的环境中,我们第一眼能注意到的矿物也是不同的。在人的视觉中起重要作用的视觉感受器是视锥细胞和视杆细胞。人眼的视杆细胞对波长 500 纳米的光最为敏感,视锥细胞对波长 560 纳米的光最为敏感。白天看矿物,视锥细胞起主导作用,所以黄绿色的矿物看起来更显眼。到了夜晚,光线变暗,视杆细胞成为主角,因此蓝绿色矿物更能引起注意。

不过如果想隐身，矿物也是有办法的。如果把水晶放在一种名为二溴乙烯的液体中，水晶就会在你的眼皮子底下消失。原来，水晶的折射率是1.54，正巧二溴乙烯的折射率也是1.54，所以当光从二溴乙烯的液体中穿过，完全无法反映出折射率上的差别，所以就会出现水晶凭空消失的现象。这个现象其实在我们的生活中随处可见，例如，把冰块放入无色的水中，冰块的轮廓瞬间就看不清了。可不要小瞧这个原理，它可是促使科学家们研究高新材料的灵感源泉呢！随着社会的发展和科技的进步，在现代军事科学技术中红外探测技术日趋成熟。如果想在红外探测仪下遁形，就需要研究红外隐身技术。而红外隐身技术的思路就是改变目标的红外辐射特征，使其与背景的红外辐射能接近，尽可能融合到环境中去，减小目标被探测到的概率，达到隐身的目的。在这项研究中，许多矿物材料，例如铝、锌、铁等粉墨登场，在合成红外隐身材料中发挥着自身的优势。人们常说材料是人类社会发展的基石，那么矿物作为材料的重要来源，在人类发展进程中的作用功不可没。

02 》 听·矿物

歌曲《有一个美丽的传说》中有一句歌词："精美的石头会说话。"石头真的会说话吗？众所周知，敲击石头时，不同类型的石头会发出不一样的声音。所以古代有石质乐器——石磬（图9-2）。石头所发出的声音不仅被人们当作音乐欣赏，还会被用于鉴别石头的种类。清代陈胜《玉记》中描写和田玉："玉体如凝脂，精光内蕴，质厚温润，脉理坚密，声音洪亮。"有学者对不同石头发出的声音进行了研究，认为和田玉的声音清晰、洪亮；岫玉的声音低沉、短促；玛瑙的声音清脆、明朗、绵长；东陵石的声音清晰、柔和；蓝田玉的声音浑浊、短促。

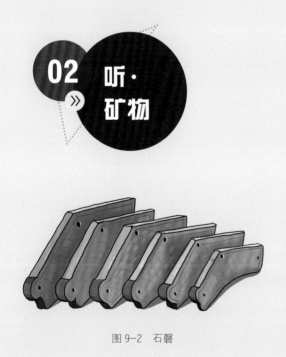

图9-2 石磬

矿物的声音

在经过上一节对矿物产生的视觉信息分析之后，您一定会产生类似的疑问：我们听见的石头的声音是真实稳定的吗？要弄清楚这个问题，首先得要分析一下什么是声音。声音是空气或其他介质中的压力变化。我们听到的敲打石头的声音可以解析成两个维度，一是响度，即声音的强弱，二是音高，即声质的高低差异。例如，钢琴琴键所代表的音符音高。人类能够听见的声音是有限的，在20～20000赫兹范围。

刚才我们所说的和田玉、岫玉、玛瑙等的声音差异实际上是由于声音在不同矿物成分和显微结构的石头中产生反射与折射现象而导致的。不过，矿物的声音不像人说话的声音那么具有识别度。而且有些矿物具有脆性，在被敲击时，容易破碎，所以尽管不同的矿物具有不同的敲击声，但是并不能作为准确判断矿物品种的依据。一般说来密度大的矿物声音清脆，质地松软的矿物声音低沉。不过，值得注意的是，声音也会受敲击力度、材料厚薄等因素的影响而不同。

03 》 闻·矿物

刚刚修剪过的草坪会散发青草的香气，盛放的花儿会吐露芬芳，矿物闻起来是什么味儿的？也许有人会说矿物的味道应该是大雨落在地上溅起灰尘的味道吧！其实，矿物远比你想象中调皮，它们中的一些种类会发出让人难以忘怀的味道，比如毒砂。毒砂，又名臭葱石，用锤子击打它时，会发出一股臭味（名字源于希腊文"skorodon"意为蒜味，但翻译时，被译为"臭葱石"）。毒砂所发出的气味实际上是三氢化砷的气味，有毒性（图 9-3）。一些硫化物矿物在摩擦时会产生硫黄味。高岭土则是在被水润湿之后会产生一股"土味"。

图 9-3 毒砂在被敲击后散发出大蒜的气味

04 » 尝·矿物

　　李时珍在《本草纲目》中记录了161种药用矿物，其中有相当一部分是内服药物，也就是说有一些矿物是可食用的。那么，矿物尝起来会是什么味道的呢？大家最为熟悉的有味道的矿物非石盐莫属，它的味道是咸的。以前炸油条时用的明矾化学成分为 $KAl(SO_4)_2 \cdot 12H_2O$，它的味道则是甜涩味的。泻利盐——硫酸镁是富含镁的盐湖中化学沉积的产物。它的味道是苦味的。有些地质工作者在野外采集样品的时候，也会用舔石头的土办法来了解样品的性质。不过，他们并不是尝石头的酸甜苦辣，而是用舌头的触感和口水留在石头样品上的时间来做初步判断。在这里，强调一下，非专业人士不要轻易去尝矿物的味道，因为有许多矿物是有毒性的。例如，毒重石不溶于水，但溶于酸中，易被消化道吸收，剂量大可致死。砷华，又名砒霜，性脆，溶于水，有剧毒。

当我们触碰一块矿物，我们可以感知到矿物的温度、粗糙程度、纹理和形状。单靠触摸，我们也可以捕捉到矿物的特征。当我们触摸自然铜、自然银或水晶的时候，会感觉凉凉的，而当我们触摸云母等矿物的时候却觉得有温感。这是由于不同的矿物的热导率不同。热导率高的矿物常会使人感觉到凉，反之则会给人温热的触感。人类的触感还具备纹理知觉，即人类通过触摸可以感知物体表面的凹凸，而这种感知的精确程度可以达到微米级。当我们闭上眼睛，触摸一块矿物，能够准确地判断它的表面是否平滑，质地是否粗糙。如果我们触摸的矿物是硅藻土、浮石，我们会感觉触摸对象粗糙。而当我们触摸石墨、滑石、辉钼矿、叶蜡石等矿物，则会感受到表面的润滑。

　　在章节的最后，给读者们留一个开放性的思考题，当你们在鉴别一块矿物时，你们认为最不重要的感觉是视觉、听觉、嗅觉、味觉还是触觉呢？为什么？

后记

　　在没有进入专业学习以前，我印象中的矿物是其貌不扬的石块、粗糙冰冷的工业原材料、了无生趣的化学元素组合。大二开始修读矿物学课程，矿物在我脑海中的刻板印象随着学习的深入而一天天被刷新。数千种矿物中有相当一部分是石头界的颜值担当，它们在各行各业中发挥的巨大作用推动着人类的历史进程。矿物们虽然没有生命，却滋养着生命，还记录着包括生命进程在内的地球历史。因此，我萌生了写这本书的念头，希望读者们能和我一起在认识矿物、理解矿物的同时，发现矿物的伟大。

为写书查阅了一些文献资料，不禁联想到定远侯班超和他的 36 人小部队平定西域，使西域大小 50 余国均归附汉朝，延续丝绸之路的故事。矿物仿佛是自然界的"定远侯"，以极小的部队维护着辽阔疆域的安定。为什么这样说呢？因为，根据科学家们构建的分类金字塔预测组类生物物种总数，推测地球上约有 770 万种动物和 29.8 万种植物。而据 2020 年国际矿物学会的统计，地球上已知的矿物仅有 5000 多种。相较之下，近千万种的动植物只占据了范围有限的生物圈，也就是不超过 20 千米的垂直范围。而矿物却以少胜多，不仅覆盖着地球上 60 ～ 120 千米厚度的岩石圈，还在外太空拥有自己的一席之地。同时，一些矿物还在生物体中客串角色，例如生物的石灰质外壳、磷酸盐骨骼、硅质介壳等。

　　在地球 46 亿年的历史中，各类元素不断结合以适应特定的位置、深度和温度，形成了矿物。矿物像一部记载地球历史和演变的无字书，包含了有关地球系统科学的多种信息。为了让本书的内容通俗易懂，同时也避免与其他的矿物科普书的同质化，选择了"矿物家族"作为主题，从矿物学的发展、矿物的颜色、晶形、成分入手，选取了一些读者熟悉的矿物族作为探讨的对象，尝试将矿物学与其他学科融合描述，期待给读者们带来不一样的矿物印象。

　　回望矿物的开发史，就会知道，随着科技的发展，矿物在生产生活中的潜力无限。就让我们抱有满满的向往，去期待矿物为人类文明带来的辉煌吧！

致　谢

本书所使用的精美的收藏级矿晶图片由以下公司提供：

兰德纵贯文化发展（北京）有限公司

西安俯仰景和实业集团有限公司

黄冈大别山地质公园博物馆

在图书编写的过程中，徐世球教授提供了专业的学术指导，
赵俊明教授、陈杰军先生提供了部分插图。

特此鸣谢！

参考答案

第一章 矿物
矿物
CHAPTER ONE >>>

想一想

◎ 1.你能在你的房间里找到矿物或矿物材料制成的器物吗?

参考答案:

建造房屋的砖头

砖是用黏土(一种矿物的名字)制成的,水泥和石膏板也是用矿物制成的。

螺母,螺栓,钉子和螺钉

铁可能是建筑中使用的最重要的金属。当它制成钢时,它可以用作大型建筑物和摩天大楼中的框架。铁是从含铁量高的矿物中提炼出来的。螺栓、螺母、钉子和螺钉通常由钢制成,但涂有另一种金属(例如锌)以防止生锈。

窗户

没有窗户的房子会是什么样?毫无疑问,一定是黑暗的。窗户上的玻璃可让自然光进入您的房屋,也让您欣赏外面的美景。制作窗户的玻璃是用石英制成的。石英是一种矿物,当它被融化,并与其他成分混合,就可以生产出许多不同尺寸、形状和颜色的玻璃。

餐具

刀、叉和汤匙通常由不锈钢制成。不锈钢是通过将铁水与另一种称为铬的金属混合而制得的,铬可防止钢生锈。铁和铬都来自矿物质。

陶器

盘子、碗、杯子、碟子都是用黏土矿物制成的。你可能在陶艺作坊里用黏土制作锅或碗，烧制成形的陶器，耐磨且保温。

易拉罐

易拉罐是由铝制成的，铝是由铝土矿制成的。铝轻巧，易于成型且不生锈。我们吃的罐头食品是存放在锡罐中的。锡罐由钢制成的，表面涂有锡，可防止钢生锈。锡是从锡石这种矿物中提炼出来的。

灯

白炽灯灯丝的主要矿物原料有钨丝、二氧化硅、氧化钾、氧化铝等。

铅笔芯

铅笔芯的主要矿物原料为石墨和黏土矿物。

◎ 2. 我们都知道石英可以用于制作玻璃，黏土可以制作盘子，不锈钢可以制作钢钉，石膏可以制作模型，那么，这些材料可否互换呢？例如，用黏土来做窗户，用石英制作餐具……请从 矿物特性的角度去思考这个问题。

参考答案：

人们在利用矿物制作器物的时候，充分考虑了如何利用它们的优点，规避它们的缺点。我们制作窗户需要它达到三个要求：一是透光，方便我们可以观察窗外的环境；二是密闭，尽量隔绝灰尘、雨、雪、寒冷和炎热；三是有一定硬度，避免被硬物等损毁。而黏土不具备以上性质，所以不能用来做窗户的主要材料。

但是黏土也并不是一无是处。黏土遇湿时容易成型，燃烧时硬度增强，不易渗水，耐火保温，用黏土制作的陶瓷盘子不仅可以制成您喜欢的外观，还可以保持盘中食物的温度。其他的矿物也各有优点。不锈钢坚硬、不生锈，制作钢钉和金属固件可以承受外部环境的腐蚀。石膏遇湿容易成型，且在常温下迅速硬化，硬化之后坚固耐用。当病人骨折时，医生用浸在湿石膏中的绷带缠绕病人的伤处。几个小时后，石膏绷带凝结成固体，固定住病人的骨骼，避免骨骼错位。

做一做

◎你能把下列矿物和用它们制成的器物连起来吗?

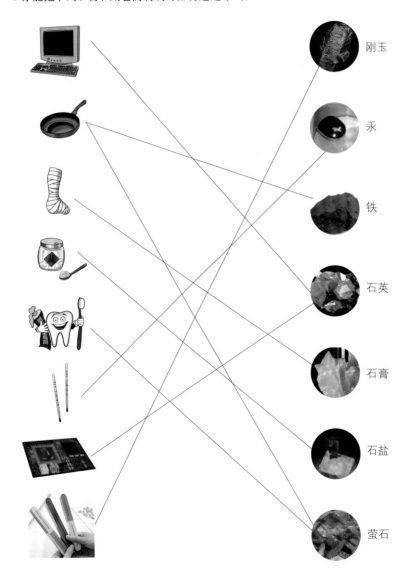

刚玉

汞

铁

石英

石膏

石盐

萤石

第二章 矿物的
彩虹世界

CHAPTER TWO>>>

想一想

◎你觉得视觉敏感究竟是优势还是劣势？为什么？

参考答案：

第二章中提到青凤蝶相较人类具有更宽阔的视域，它擅长感知快速移动的物体，能够辨别紫外线和偏振光。那么看见得多就是优势吗？有一类人群不能分辨可见光光谱中的某种颜色，产生色觉障碍，就是我们通常所说的色盲。第二次世界大战期间，军方就雇佣色盲者来识破用迷彩伪装的敌方部署，由此确定轰炸目标。因为颜色信号可能炫人眼目，使人专注于色彩而忽略了图形。在用颜色刻意制造的干扰面前，敏感的色觉就成为了劣势。所以视觉的敏感究竟是优势还是劣势，还得视具体情况而定。

测一测

◎ 1.测试一下你分辨颜色的能力：请写出你所看到的数字或图案。

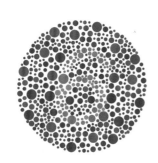 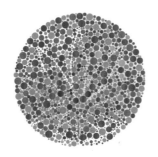 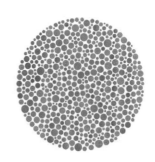

参考答案：

图片上的数字或图案分别是：6 枫叶 2

矿物
几何
第三章

测一测

◎读完了这个章节,你一定对矿物的形状有了大致的了解,让我给你做个小测试,请问图片中红色的矿物是什么形状的?

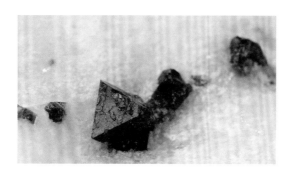

参考答案:图片中红色的矿物是八面体形状的。